하마랑 과학독해

5학년 1학기

다락원

하마랑 과학독해 5학년 1학기

지은이 김효숙, 정연경, 이은선, 함지혜, 박은하, 홍선경
펴낸이 정규도
펴낸곳 (주)다락원

초판 1쇄 발행 2025년 1월 20일

편집 이후춘, 한채윤, 전수민

디자인 최예원, 박정현
일러스트 홍선경

다락원 경기도 파주시 문발로 211
내용문의 : (02)736-2031 내선 291~296
구입문의 : (02)736-2031 내선 250~252
Fax : (02)732-2037
출판등록 1977년 9월 16일 제406-2008-000007호

ISBN 978-89-277-7457-0 74400
     978-89-277-7459-4 (세트)

머리말

아이들이 공부를 잘하려면 무엇이 필요할까요? 바로 '문해력'입니다. 문해력은 단순히 글을 읽는 것이 아니라, 글의 의미를 이해하고, 핵심을 정리하며, 생각의 폭을 넓혀 글로 표현할 수 있는 능력입니다.

자기 학년 수준의 교과서를 정확히 읽고 배우는 과정은 아이들의 학습 능력 발달에 매우 중요합니다. 이 능력을 초등학교 시절에 잘 키워두면, 앞으로 배우는 모든 공부에서 큰 자신감과 실력을 발휘할 수 있습니다.

〈하마랑 과학 독해〉는 아이들의 문해력을 키워 줄 아주 특별한 책입니다. 과학 교과서의 내용을 재미있고 알기 쉽게 풀어내어 과학의 세계를 탐험하고 새로운 지식을 배우는 데 도움을 줄 것입니다. 또한, 다양한 학습 활동과 문제들이 준비되어 있어 아이들이 글을 읽고 이해하는 능력을 차근차근 쌓을 수 있도록 도와줍니다.

이 책은 세 가지 단계를 통해 아이들의 문해력을 키워 줍니다.

1단계: 배경지식을 활용해 글의 내용을 예측하고, 필요한 어휘와 개념을 익힙니다.

2단계: 글의 중심 내용을 파악하고, 글의 구조를 이해하며 말로 설명할 수 있습니다.

3단계: 배운 내용을 실생활에 적용하고, 스스로 글을 써 보며 표현하는 힘을 기릅니다.

단계별 학습 과정을 완성하면 읽기 능력뿐만 아니라 생각하는 힘과 표현력까지 키울 수 있습니다.

아이들이 이 책과 함께 과학의 세계를 즐겁게 탐험하며, 새로운 지식을 발견하고, 독해력도 쑥쑥 자라길 기대합니다. 〈하마랑 과학 독해〉가 아이들의 멋진 탐험을 항상 응원할 것입니다.

저자 일동

이 책의 구성

1 생각 열기

1 글이 궁금해져요
글을 읽기 전에 내용을 예측하면 더 재미있고 흥미로워져요.

2 집중해서 읽게 돼요
예측한 내용을 확인하려고 집중해서 읽으면, 잘 이해하고 기억할 수 있어요.

3 내 생각이 쑥쑥 자라요
예측을 통해 내 생각을 말하고, 글을 읽으면서 그 생각이 맞는지 확인하면 생각하는 힘이 커져요.

학습 방법
지시문을 읽고 알고 있는 지식을 바탕으로 답하거나, 자유롭게 상상해서 답해 보세요. 그 이유도 함께 생각해 보고 써 주세요.

1 추론 능력이 향상돼요
단어의 뜻을 짐작하는 과정에서 생각하는 힘이 좋아져요.

2 자신감이 높아져요
짐작한 의미가 맞으면 자신감이 생기고, 다음에 모르는 단어를 만났을 때 도전해 볼 수 있어요.

학습 방법
① 글을 한 번 쭉 읽어 보기
↓
② 모르는 단어에 모두 네모 표시하기
↓
③ 모르는 단어 중 5개를 선택하기
↓
④ 앞뒤 문장을 읽고 문맥에서 단어의 의미를 짐작한 후, 오른쪽 메모 칸과 선으로 연결하고 써 보기

2 어휘 뜻 짐작하기

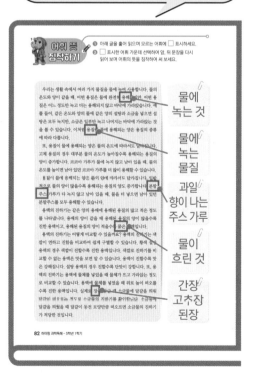

❶ 글을 잘 이해해요
모르는 단어의 뜻을 알면 글의 내용을 잘 이해할 수 있어요.

❷ 새로운 단어를 배워요
새로운 단어를 찾아보면 내가 아는 어휘가 늘어나고,
다양한 표현을 사용할 수 있어요.

❸ 읽기 능력이 향상돼요
모르는 단어의 뜻을 찾고 이해하면 나중에 읽기 실력이
좋아져요.

학습 방법
① 말풍선에 짐작한 단어의 뜻을 부록의 '어휘 사전'에서
찾아보고 비교하기
↓
② 단어의 의미를 잘 이해한 후, 내 말로 그 뜻을 정리해서
써 보기

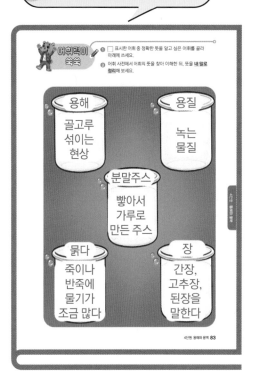

3 어휘력이 쑥쑥

4 내용이 쑥쑥

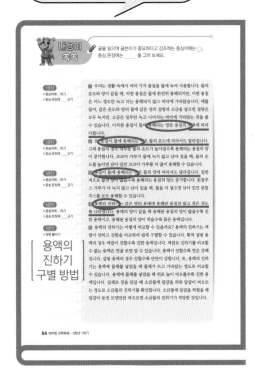

❶ 중심 내용을 생각하며 읽는 습관이 생겨요
글을 읽으면서 "이 글은 무엇에 대해 말하고 있지?"라고
생각하며 읽는 습관이 생겨요.

❷ 글의 핵심을 쉽게 파악해요
글의 중요한 부분을 간단하게 정리하면 핵심을 쉽게 찾고
이해할 수 있어요.

❸ 정보를 잘 기억해요
중요한 정보를 빠르게 찾고, 쉽게 내용을 기억할 수 있어요.

학습 방법
① 지문을 읽으면서 각 문단의 중심어와 중심 내용을 찾아보기
② 중심어에는 ○, 중심 문장에는 _____ 을 긋기
③ 중심 문장을 만들어야 할 경우, 먼저 중심어를 찾고 문단의
전체 내용을 포함하는 중심 문장을 만들기
[내용이 쑥쑥 독해 방법 1,2] 참조

5 그래픽 조직자

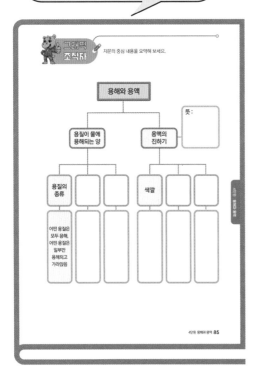

❶ 주요 정보 정리를 잘해요
배우는 내용을 정리하면 한눈에 보기 쉽고, 정보들끼리의 연관성을 쉽게 알 수 있어요.

❷ 이해와 기억이 잘 돼요
글로만 되어 있는 정보를 그림이나 도표를 사용하면 내용을 잘 이해하고 기억할 수 있어요.

학습방법

① 각 문단에 표시한 중심어, 중심 내용, 세부 내용을 도형, 표, 이미지 등을 사용해서 시각화해 보기
② 중요한 개념의 관계를 생각하며 정리하기
③ 그래픽 조직자를 그릴 때는 빈칸을 메우듯이 하지 말고, 왜 이렇게 구조를 만들었는지 이해하기
④ 그 다음에는 책의 그래픽 조직자를 보지 않고, 스스로 그래픽 조직자를 만들어서 그려 보는 연습하기

---

6 말하는 공부

❶ 정확하게 이해할 수 있어요
내가 배운 내용을 다른 사람에게 설명하면 내가 아는 것과 모르는 것이 무엇인지 알 수 있어요.

❷ 기억이 잘 나요
소리 내서 말하면 기억이 더 잘 나고, 공부한 내용이 머리에 잘 남아요.

학습방법

[논리적으로 설명하는 단계별 연습]
말로 설명하기는 혼자서 책상 앞에 인형을 놓고 할 수도 있고, 친구들이나 부모님 앞에서 다양한 방법으로 해 보세요. 이때, 카메라로 설명하는 모습을 찍어 보는 것도 좋아요.
1단계 : 그래픽 조직자에 정리한 내용을 보고 차례대로 설명해 보기
2단계 : 중심어만 보고 나머지 내용은 빈칸 상태에서 기억하면서 말해 보기
3단계 : 전체 빈칸만 보면서 내용을 기억하고 설명해 보기

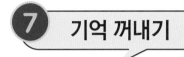

7 기억 꺼내기

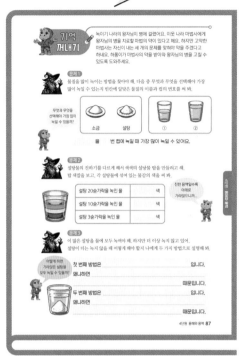

❶ 복습으로 실력이 높아져요

다시 생각해 보면서 배운 내용을 잘 기억할 수 있어요.

❷ 공부가 재미있어요

배운 내용을 잘 기억하면 자신감이 생기고, 시험이나 발표 때 도움이 돼요.

❸ 문제 해결력이 좋아져요

배운 내용을 문제에 적용하며 해결할 수 있어요.

학습한 내용을 떠올려 실제 상황에 적용하여 문제를 해결하며 기억하기

8 어휘 놀이터

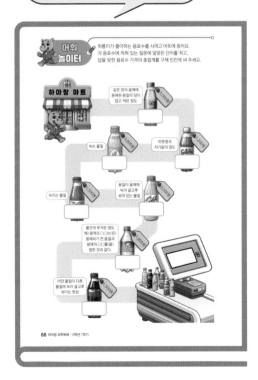

❶ 재미있게 배워요

게임을 하면서 배우면 재미있고 흥미로워요.

❷ 기억하기 쉽게 익혀요

게임을 통해 단어를 자주 사용하면 잘 기억할 수 있어요.

❸ 어휘력이 향상돼요

반복을 많이 할수록 어휘력이 늘어요.

다양한 어휘 게임을 통해 기억한 어휘를 반복적으로 떠올리며 어휘력을 기르기

9 스스로 생각하기

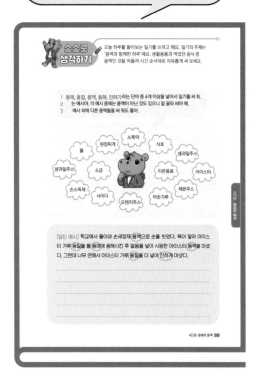

1 메타인지가 좋아져요
배운 내용을 다시 생각하면서 내가 잘 이해했는지 확인할 수 있어요.

2 배운 내용을 복습해요
내용을 떠올려서 글로 쓰면 잘 기억할 수 있어요.

3 표현 능력이 풍부해져요
생각한 내용을 정리해서 쓰면 내 생각을 잘 표현할 수 있어요.

새롭게 배운 내용과 알고 있는 내용을 논리적인 글쓰기로 마무리하기

10 어휘 사전

1 새로운 단어를 배울 수 있어요
단원마다 모르는 단어를 쉽게 찾아 익힐 수 있어요.

단원별로 모르는 단어를 찾아서 읽어 본 후, 이해한 내용을 내 표현으로 다시 정리하는 연습하기

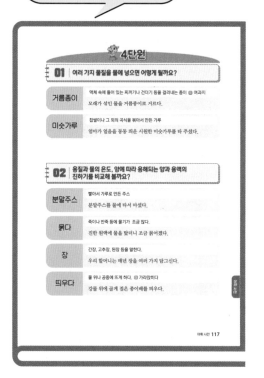

목차

1 단원

내용이 쏙쏙 독해 방법

미션1 중심어를 찾아라!

미션2 중심 문장을 찾아라!

미션3 세부 내용을 파악하라!

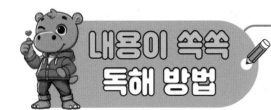

✏️ **미션1** 중심어를 찾아라!

중심어란? 글에서 가장 중요한 것을 나타내는 핵심 낱말입니다. 이 책에서는 **둘 이상의 낱말로 이루어진 '어구'도 '중심어'로 표현**했습니다.

중심어 찾는 방법! (중심어 : ○ 표시)

1 중심어는 글에서 가장 많이 나오는 낱말이에요.

연습 문제 1 이 글의 중심어는 무엇일까요?

> 눈물은 화가 나거나 슬플 때 기분이 나아지게 해 줘요. 화가 날 때는 나도 모르게 얼굴이 빨개지고 눈물이 나와요. 친한 친구와 헤어져야 할 때나 할머니가 돌아가셨을 때도 너무 슬퍼서 눈물이 나오지요. 이럴 때 눈물을 흘리고 나면 슬픈 기분이 한결 나아져요.

➡️ 가장 많이 반복되어 나오는 낱말은 □□입니다.

그러므로 이 글의 중심어는 '□□'입니다.

2 중심어는 '무엇이 어찌하다/어떠하다'에서 '무엇이'에 해당하는 낱말이에요.

연습 문제 2 이 글의 중심어는 무엇일까요?

> 눈물은 눈을 보호해 줘요. 나쁜 세균이 눈에 들어오면 눈물이 흘러나와 세균을 내보내요. 먼지나 다른 물질이 눈에 들어와도 걸러내는 일을 하지요. 놀이터에서 놀다가 모래나 먼지가 눈에 들어가면 눈물이 재빨리 흘러나와 모래와 먼지를 밀어내요.

➡️ '무엇이 어찌하다'에서 '무엇이'는 □□이고,

'어찌하다'는 '눈을 보호해 줘요'이다. 그러므로 이 글의 중심어는 '□□'입니다.

정답 **1** 눈물 **2** 눈물

❸ 중심어는 두 개 이상의 낱말로 이루어질 수 있어요.

중심어는 하나의 낱말인 경우도 있지만, 두 개 이상의 낱말로 이루어진 경우도 있어요.

1) 중심어가 하나의 낱말로 이루어진 경우

연습 문제 1 이 글의 중심어는 무엇일까요?

> 조랑말은 오랫동안 사람을 도와주었어요. 농장이나 광산에서는 무거운 물건을 실어 날랐지요. 울퉁불퉁한 시골길에서는 사람을 태우고 다녔지요.

➡ 이 글은 인간을 오랫동안 도와준 □□□에 대한 내용입니다.

그러므로 중심어는 '□□□'입니다.

2) 중심어가 두 개 이상의 낱말로 이루어진 경우

연습 문제 2 이 글의 중심어는 무엇일까요?

> 식물이 씨를 멀리 퍼뜨리는 방법은 다양합니다. 단풍나무와 민들레처럼 바람에 날려 퍼지기도 하고, 도꼬마리처럼 동물의 털에 붙어서 씨가 퍼지기도 합니다. 연꽃의 씨는 물 위에 떨어져 물살을 따라 이동하며 퍼집니다. 또한 강낭콩처럼 열매가 터져서 씨가 퍼지기도 하며, 사과나 머루처럼 맛있는 열매는 동물이 먹은 후 배설하여 씨가 퍼집니다.

➡ 이 글은 식물이 □를 □□□□ □□에 대한 내용입니다.

그러므로 중심어는 '식물이 □를 □□□□ □□'입니다.

정답 ❶ 조랑말 **❷** 씨, 퍼뜨리는 방법

4 중심어는 '포함하는 말'로 표현할 수 있어요

연습 문제 1 이 글의 중심어는 무엇일까요?

> 피자, 햄버거, 닭튀김, 라면, 냉동 감자튀김은 소금과 설탕이 많이 들어 있어 건강에 안 좋을 수 있어요. 이런 음식은 살이 찌거나 병이 생길 위험이 높아질 수 있답니다. 또, 필요한 영양소가 부족해져서 피곤해질 수도 있어요.

➡ 이 글은 '피자, 햄버거, 닭튀김, 라면, 냉동 감자튀김이 건강에 해롭다'는 내용입니다.

'무엇이 어떠하다'에서 **무엇은** '피자, 햄버거, 닭튀김, 라면, 냉동 감자튀김'입니다.

이 낱말들을 포함하는 말로 바꾸면 □□□□ □□입니다.

그러므로 중심어는 '□□□□ □□'입니다.

중심 문장을 찾아라!

글을 읽고 중심 내용을 잘 찾는다는 것은 책을 잘 이해하며 읽는다는 뜻이에요.

◉ **중심 문장이란?**

글 전체의 내용을 포함하면서도 가장 중요하고 핵심이 되는 정보를 말합니다. 중심 문장은 글을 읽으면서 가장 핵심이 되는 중심어를 먼저 찾고 나머지 내용을 연결하여 요약 정리하는 과정을 통해 만들 수 있습니다.

중심 문장 찾는 방법!

1 문장에서 중심 내용을 찾아요.

---

① 문단에서 중심어를 포함하는 문장을 선택하여 밑줄 긋기

↓

② 꾸며주거나 반복되는 부분 지우기

↓

③ 의미가 통하게 중심 문장 만들기

연습 문제 1 아래 문장을 중심 문장으로 만들어 볼까요? 문장 ㉠에서 남기고 싶은 말에는 괄호에 'O', 덜 중요해서 지우고 싶은 것에는 'x' 표시하세요. 그리고 'O' 표시한 낱말로 중심 문장을 만들어 보세요.

㉠ 늑대의 후각은 인간의 후각보다 100배 더 발달했어요.
( ) ( ) ( ) ( ) ( ) ( ) ( )

➡ 이 글의 중심 문장을 만들어 볼까요?

중심어는 '누가(무엇이)'이며 이 문장에서 중심어는 '□□의 □□'입니다.

중심 문장은 'x' 표시한 내용을 뺀 뒤 문장을 의미가 통하게 정리합니다.

그러므로 이 글의 중심 문장은 '_____.' 입니다.

정답 1 ○○○xxx○ / 늑대, 후각
늑대의 후각은 인간보다 발달했다.

2 문단에서 중심 문장을 찾아요.

[중심 내용(중심 문장)이 잘 드러난 문단]

먼저, 문단의 중심 문장을 찾아요. 중심 문장은 글에서 가장 중요한 내용이에요. 그리고 그 중심 문장을 설명해 주는 뒷받침 문장이 있어요. 이렇게 중심 문장과 뒷받침 문장을 구분한 후, 중심 문장을 중심으로 내용을 간단히 정리해요.

여기서 잠깐!

중심 문장은 문단에서 여러 곳에 있을 수 있어요. 그래서 문단에 따라 중심 문장이 어디에 있는지 잘 살펴봐야 해요.

> · 대부분 문단의 첫 문장이 중심 내용(중심 문장)일 수 있어요.
> · 문단의 마지막 문장이 중심 내용(중심 문장)일 수도 있어요.
> · 문단의 첫 문장에서 중심 내용이 나오고, 마지막 문장에서 다시 강조되기도 해요.
> · 가끔은 중간에 중심 문장이 나오는 때도 있어요.

1) 두괄식 문단은 중심 문장이 문단의 앞부분에 위치해요.

중심 문장이 먼저 나오고 뒷받침 문장들이 이어지는 일반적인 글의 구성으로, 글을 읽는 사람이 중심 내용을 쉽게 찾을 수 있어요.

연습 문제 1 중심 문장과 뒷받침 문장을 구분하고 중심 문장을 찾아요.

> ❶ '플라시보 효과'는 단순한 약을 치료에 효과가 있는 약이라고 믿고 환자가 복용했을 때, 실제로 통증이 줄어들거나 병세가 호전되는 현상을 의미한다. ❷ 이는 '기쁘게 하다'라는 라틴어에서 유래된 말로 환자의 심리 상태를 이용하여 긍정적인 결과를 얻는 방법이다. ❸ 실제 연구 결과 비타민 C를 감기약으로 믿고 복용한 경우, 증상이 완화되거나 치료되는 경우가 많은 것으로 밝혀졌다. ❹ '플라시보 효과'는 긍정적인 믿음이 긍정적인 결과로 이어질 수 있음을 보여 주며, 치료에 대한 희망이 병을 낫게 하는 힘이 됨을 알려 준다.

➡ '플라시보 효과'에 대한 설명하는 글로 '플라시보 효과의 의미'가 담긴 ❶ 문장은 중심 문장이고, 플라시보의 유래, 관련 예를 설명하는 ❷, ❸, ❹ 문장은 뒷받침 문장입니다. 그러므로 중심 문장은 '□'입니다.

2) 미괄식 문단은 중심 문장이 문단의 마지막 부분에 위치해요.

문단의 앞부분에 뒷받침하는 문장들이 비교, 대조, 설명, 분류 등의 방법으로 이어지고, 이를 요약하거나 정리하는 중심 문장이 마지막에 옵니다.

연습 문제 2 중심 문장과 뒷받침 문장을 구분하고 중심 문장을 찾아요.

❶ 비타민 C를 감기약으로 믿고 복용한 환자 가운데 증상이 완화되거나 치료되는 경우가 많은 것이 실제 연구 결과에서 밝혀졌다. ❷ 이는 긍정적인 믿음이 긍정적인 결과로 이어질 수 있음을 보여 주는 것으로, 치료에 대한 희망이 병을 낮게 하는 힘이 됨을 알려 준다. ❸ '기쁘게 하다'라는 뜻의 라틴어에서 유래한 '플라시보'를 따서 '플라시보 효과'라고 부른다. ❹ '플라시보 효과'는 단순한 약을 치료에 효과가 있는 약이라고 믿고 환자가 복용했을 때, 실제로 통증이 줄어들거나 병세가 호전되는 현상을 의미한다.

➡ 이 글에서 ❶, ❷, ❸ 문장은 뒷받침 문장으로 '플라시보 효과'의 예시와 유래 등을 차례대로 설명한 뒤 중심 문장인 ❹ 문장을 마지막에 두어 글의 주제인 '플라시보 효과'를 더욱 강조합니다. 그러므로 중심 문장은 '□'입니다.

3) 양괄식 문단은 중심 문장이 문단의 앞과 마지막 부분에 반복하여 위치해요.

문단의 처음에 중심 문장이 오고, 뒤이어 뒷받침하는 문장이 나온 후에 문단의 마지막에 중심 문장을 다시 한번 강조하여 제시해요.

연습 문제 3 중심 문장과 뒷받침 문장을 구분하고 중심 문장을 찾아요.

❶ '플라시보 효과'는 단순한 약을 치료에 효과가 있는 약이라고 믿고 환자가 복용했을 때, 실제로 통증이 줄어들거나 증상이 나아지는 현상을 의미한다. ❷ 이는 '기쁘게 하다'라는 라틴어에서 유래된 말로 환자의 심리 상태를 이용하여 긍정적인 결과를 얻는 방법이다. ❸ 그래서 '위약 효과'라고도 부른다. 실제 연구 결과 비타민 C를 감기약으로 믿고 복용한 경우, 증상이 완화되거나 치료되는 경우가 많은 것으로 밝혀졌다. ❹ '플라시보 효과'는 긍정적인 믿음이 긍정적인 결과로 이어질 수 있고, 치료에 대한 희망이 병을 낫게 하는 힘이 됨을 알려 준다. ❺ 이처럼 '플라시보 효과'는 실제 약효가 없는 약을 복용하고도 약효가 있다고 믿고 복용한 환자의 병세가 호전되는 현상을 말한다.

➡ 이 글에서 ❶ 문장은 '플라시보 효과'의 의미가 담긴 중심 내용을 말하고 ❷, ❸, ❹ 문장에서 '플라시보 효과'의 예시, 유래 등을 차례대로 설명한 뒤 다시 한번 플라시보 효과의 의미를 ❺ 문장에서 강조합니다.

그러므로 중심 문장은 '□'와 '□'입니다.

제시문은 '플라시보 효과'의 의미가 담긴 중심 내용을 말하고, 뒤이어 '플라시보 효과'의 의미를 다시 한번 강조합니다.

정답 ❸ ①, ⑤

[중심 문장이 생략된 문단]

연습 문제 4 중심 문장을 만들어 보세요.

> 감기가 빨리 나으려면 백혈구가 힘껏 싸워 이길 수 있도록 따뜻한 물을 계속 마시고, 잘 먹고 푹 쉬어야 해요. 그리고 바깥에 나갔다 돌아오면 손을 깨끗이 씻는 것도 잊지 마세요.

➡ 중심 문장이 생략되었을 때에는 중심 문장을 어떻게 찾을까요?

이 글에서는 감기가 빨리 나으려면 우리가 해야 하는 일들이 다양하게 나옵니다.

그러므로 중심 문장은 '감기를 빨리 낫게 하는 다양한 □□이 있다.'로 만들 수 있습니다.

연습 문제 5 중심 문장을 만들어 보세요.

> ❶ 안내견은 시각 장애인이 안전하게 길을 가도록 도와줘요. 또, ❷ 개나 고양이와 같은 치료 동물은 병원에서 아픈 사람들을 위로하고 기분을 좋게 해 줘요. ❸ 농장에서 일하는 말이나 소들은 농사일을 도와주고, ❹ 경찰견은 범죄자를 잡는 데 큰 역할을 해요.

➡ 각 문장의 중심어인 '누가(무엇이)'에 해당하는 것은 '안내견', '치료 동물', '말과 소', '경찰견'이에요. 이 낱말을 모두 포함하는 낱말은 □□입니다.

또, 중심 문장인 '어찌하다'에 해당하는 내용은 '안전하게 길을 가도록 도와줘요', '위로하고 기분을 좋게 해 줘요', '농사일을 도와주고', '범죄자를 잡는 데 큰 역할'입니다.

이것들을 모두 포괄하는 하나의 문장으로 만들면 '_____'입니다.

정답 ❹ 방법 ❺ 동물 / 동물은 사람에게 도움을 준다.

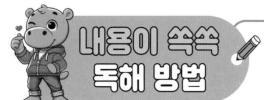

미션3 세부 내용을 파악하라!
세부 내용을 잘 찾는다는 것은 내용을 정확히 안다는
뜻이에요.

◉ 세부 내용이란?

어떤 것에 대해 자세히 나눠서 설명한 작은 부분입니다.

중심 문장을 먼저 찾고, 중심 문장의 내용을 좀 더 상세하게 설명하는 내용을 찾으면 됩니다.

1 문단의 내용으로 제목 만들기

연습 문제 1 내용을 파악하고 문단의 제목을 만들어 보세요.

---

❶ 산소는 이산화망가니즈 또는 아이오딘화 칼륨에 묽은 과산화수소수를 섞으면 발생합니다. ❷ 산소는 냄새가 나지 않고 색깔도 없습니다. ❸ 산소는 철과 같은 금속을 녹슬게 하고 사과, 배 등의 과일을 갈색으로 변하게 합니다. ❹ 또한 스스로 타지는 않지만, 다른 물질이 타는 것을 도와줍니다.

➡ 가장 많이 반복되어 나오는 낱말은 □□입니다.

그러므로 이 글의 중심어는 '□□'입니다.

➡ 문장의 내용을 살펴보면 ❶과 ❷, ❸, ❹로 구분됩니다.

❶ 문장에서 '어찌하다'에 해당하는 내용은 '이산화망가니즈 또는 아이오딘화 칼륨에 묽은 과산화수소수를 섞으면 발생합니다.'로 ❶ 문장을 요약하면 '□□의 □□'입니다.

➡ ❷, ❸, ❹ 문장에서 '어찌하다(어떠하다)'에 해당하는 내용은 '냄새가 나지 않고 색깔도 없습니다.', '철과 같은 금속을 녹슬게 하고 과일을 변하게 합니다.', '스스로 타지는 않지만, 다른 물질이 타는 것을 도와줍니다.'입니다. ❷, ❸, ❹ 문장을 요약·정리하면 '□□의 □□'입니다.

➡ 그러므로 문단의 제목을 만든다면 '□□의 □□과 □□'입니다.

정답 **1** 산소 / 산소, 발생 / 산소, 성질 / 산소, 발생, 성질

② 세부 내용에 □ 표시하고 순서대로 번호 붙이기

문단의 내용에 따라 보조 활동이 달라요. □ 표시한 뒤 순서대로 번호를 붙이는 활동 등이 있어요.

연습 문제 2 각 동물에 □ 표시하고, ①~③ 순서대로 번호를 붙이세요.

> ❶ 죽은 척하여 위장하는 동물들이 있습니다. ❷ 천적을 만나거나 위협을 느끼면 죽은 척하여 위기를 넘깁니다. ①❸ 주머니쥐는 적이 나타나면 바로 죽은 척하며 그 자리에 누워 버립니다. ❹ 그러면 천적은 주머니쥐가 죽었다고 생각해 돌아갑니다. ❺ 죽은 동물을 먹고 싶은 마음이 사라졌기 때문입니다. ②❻ 풀뱀은 죽어서 오랜 시간이 지난 것처럼 꾸미려고 몸을 둥글게 틀고 썩은 냄새까지 풍깁니다. ❼ 또 인도의 ③ 나무뱀은 빨갛게 충혈된 눈으로 입에서 피까지 흘리며 실제 죽는 듯한 생생한 모습으로 위장합니다.

➡ 위의 문단은 '죽은 척 위장하는 동물들'에 관한 이야기로 ❸, ❻, ❼ 문장에 각 동물을 소개하고 있어요. 각 동물에 □ 표시하고 ①~③ 순서대로 번호를 붙인다면 ① '□□□□', ② '□□', ③ '□□□'입니다.

정답 **2** ① 주머니쥐 ② 풀뱀 ③ 나무뱀

2 단원

온도와 열

01 온도는 어떻게 측정할 수 있을까요?

학습 목표

온도의 정의를 알고, 온도를 측정하는 이유를 이해할 수 있다.

학습 완료 체크

학습이 끝난 코너는 ✓ 체크해 보세요.

- ☐ 생각 열기
- ☐ 어휘 뜻 짐작하기
- ☐ 어휘력이 쑥쑥
- ☐ 내용이 쏙쏙
- ☐ 그래픽 조직자
- ☐ 말하는 공부
- ☐ 기억 꺼내기

온도를 측정하는 방법을 하롱이와 함께 신나게 공부해 보자~

생각 열기

하롱이 검사관은 경주마를 소유한 마주들이 말들에게 약물을 투여하는 부정행위를 한다는 투서를 받았어요. 어떻게 하면 약물을 투여한 말을 찾아낼 수 있을지 도구를 하나만 골라 주세요.

1899년 영국에서는 경주마에게 약물을 투여하는 일이 자주 일어났습니다. 약물을 투여한 말이 기초 체온이 올라가면 흥분해서 잘 달린다고 믿었기 때문입니다.

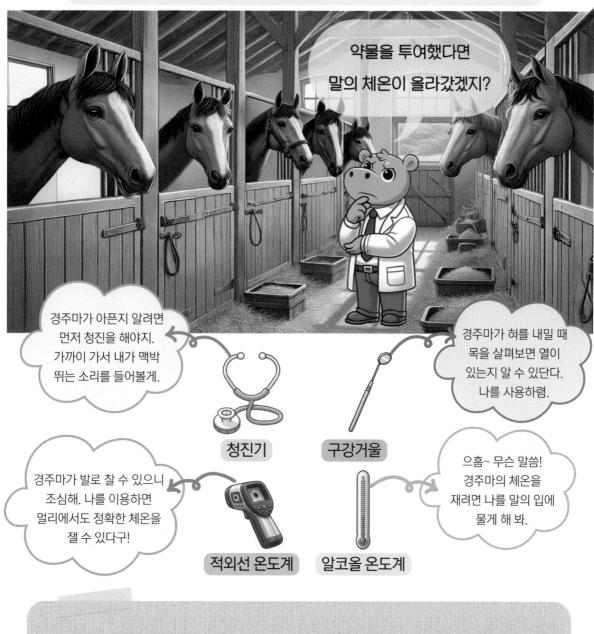

약물을 투여했다면 말의 체온이 올라갔겠지?

경주마가 아픈지 알려면 먼저 청진을 해야지. 가까이 가서 내가 맥박 뛰는 소리를 들어볼게.

청진기

경주마가 혀를 내밀 때 목을 살펴보면 열이 있는지 알 수 있단다. 나를 사용하렴.

구강거울

경주마가 발로 찰 수 있으니 조심해. 나를 이용하면 멀리서도 정확한 체온을 잴 수 있다구!

적외선 온도계

알코올 온도계

으흠~ 무슨 말씀! 경주마의 체온을 재려면 나를 말의 입에 물게 해 봐.

경주마의 체온을 측정하기 위해서 ＿＿＿＿＿＿＿＿＿ 를(을) 사용할 거야.

왜냐하면, ＿＿＿＿＿＿＿＿＿＿＿＿＿＿＿＿＿＿＿＿＿＿＿＿

1 아래 글을 훑어 읽으며 모르는 어휘에 ☐ 표시하세요.

2 ☐ 표시한 어휘 가운데 선택하여 앞, 뒤 문장을 다시 읽어 보며 어휘의 뜻을 짐작하여 써 보세요.

손난로를 만지면 따뜻하고, 얼음이 든 컵을 만지면 차가운 것을 느낄 수 있습니다. 이처럼 물질이나 물체가 뜨겁거나 차가운 정도를 숫자로 나타낸 것을 온도라고 합니다. 우리나라에서는 온도를 섭씨도(℃)라는 단위를 사용하여 나타냅니다. 예를 들어, 36.5℃는 '섭씨 삼십육 점 오 도'라고 읽습니다.

물체를 만지면 뜨겁거나 차갑다고 느끼는 정도가 사람마다 다를 수 있습니다. 사람마다 다르게 어림하기 때문에 단순히 만져 보는 것만으로는 정확한 온도를 알 수 없습니다. 물체 온도를 정확하게 알기 위해서는 온도계를 사용해서 측정해야 합니다. 왜냐하면 온도 측정은 우리 생활에서 매우 중요한 역할을 하기 때문입니다. 예를 들어 병원에서는 환자의 체온을 측정하여 건강 상태를 확인하고 적절한 치료를 합니다. 기상청에서는 기온을 측정하여 날씨를 예보하고, 사람들은 이를 참고하여 일상생활을 준비합니다. 또한, 가정에서는 어항의 수온을 측정하여 물고기가 살기 좋은 환경을 마련해 줍니다.

온도계는 사용 목적에 따라 다양한 종류가 있습니다. 사람의 체온을 측정할 때는 귀 체온계를 사용합니다. 체온계 끝을 귀에 넣고 측정 버튼을 누른 후 알람이 울리면 온도 표시 창에 나타난 체온을 확인합니다. 고체 물질의 온도를 측정할 때는 적외선 온도계를 사용합니다. 측정하려는 물질의 표면을 겨누고 빨간 불빛을 쏘면 온도 표시 창에 온도가 나타납니다. 액체나 기체의 온도를 측정할 때는 알코올 온도계를 사용합니다. 빨간 액체 기둥이 움직임을 멈추면 액체 기둥의 끝이 닿은 부분의 눈금을 읽어 온도를 측정합니다. 이렇게 쓰임새에 알맞은 온도계를 사용하면 온도를 쉽고 정확하게 측정하여 여러 상황에 맞게 활용할 수 있습니다.

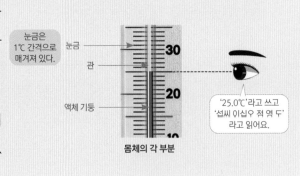

몸체의 각 부분

어휘력이 쑥쑥

❶ ☐ 표시한 어휘 중 정확한 뜻을 알고 싶은 어휘를 골라 아래에 쓰세요.

❷ 어휘 사전에서 어휘의 뜻을 찾아 이해한 뒤, 뜻을 **내 말로** **정리**해 보세요.

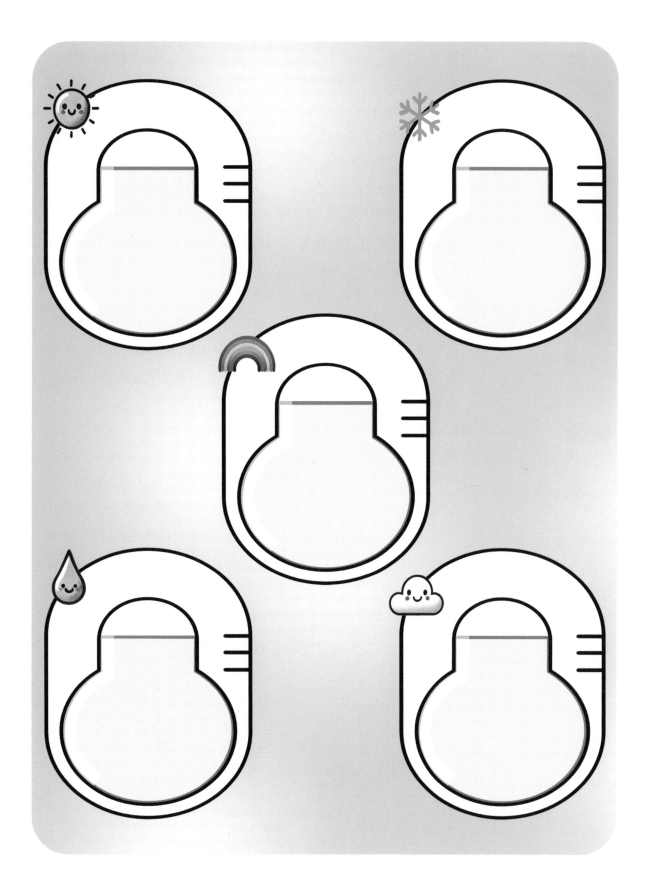

글을 읽으며 글쓴이가 중요하다고 강조하는 중심어에는 ◯, 중심 문장에는 ＿＿＿을 그어 보세요.

1문단

● 중심어에 ◯하기
● 중심 문장에 ＿＿굿기

1 손난로를 만지면 따뜻하고, 얼음이 든 컵을 만지면 차가운 것을 느낄 수 있습니다. 이처럼 물질이나 물체가 뜨겁거나 차가운 정도를 숫자로 나타낸 것을 온도라고 합니다. 우리나라에서는 온도를 섭씨도 (℃)라는 단위를 사용하여 나타냅니다. 예를 들어, 36.5℃는 '섭씨 삼십육 점 오 도'라고 읽습니다.

2문단

● 제목 붙이기
[   ]

2 물체를 만지면 뜨겁거나 차갑다고 느끼는 정도가 사람마다 다를 수 있습니다. 사람마다 다르게 어림하기 때문에 단순히 만져 보는 것만으로는 정확한 온도를 알 수 없습니다. 물체 온도를 정확하게 알기 위해서는 온도계를 사용해서 측정해야 합니다. 왜냐하면 온도 측정은 우리 생활에서 매우 중요한 역할을 하기 때문입니다. 예를 들어 병원에서는 환자의 체온을 측정하여 건강 상태를 확인하고 적절한 치료를 합니다. 기상청에서는 기온을 측정하여 날씨를 예보하고, 사람들은 이를 참고하여 일상생활을 준비합니다. 또한, 가정에서는 어항의 수온을 측정하여 물고기가 살기 좋은 환경을 마련해 줍니다.

3문단

● 중심어에 ◯하기
● 중심 문장에 ＿＿굿기
● 온도계의 종류에
  □하기

3 온도계는 사용 목적에 따라 다양한 종류가 있습니다. 사람의 체온을 측정할 때는 귀 체온계를 사용합니다. 체온계 끝을 귀에 넣고 측정 버튼을 누른 후 알람이 울리면 온도 표시 창에 나타난 체온을 확인합니다. 고체 물질의 온도를 측정할 때는 적외선 온도계를 사용합니다. 측정하려는 물질의 표면을 겨누고 빨간 불빛을 쏘면 온도 표시 창에 온도가 나타납니다. 액체나 기체의 온도를 측정할 때는 알코올 온도계를 사용합니다. 빨간 액체 기둥이 움직임을 멈추면 액체 기둥의 끝이 닿은 부분의 눈금을 읽어 온도를 측정합니다. 이렇게 쓰임새에 알맞은 온도계를 사용하면 온도를 쉽고 정확하게 측정하여 여러 상황에 맞게 활용할 수 있습니다.

물체의 각 부분

그래픽 조직자

지문의 중심 내용을 요약해 보세요.

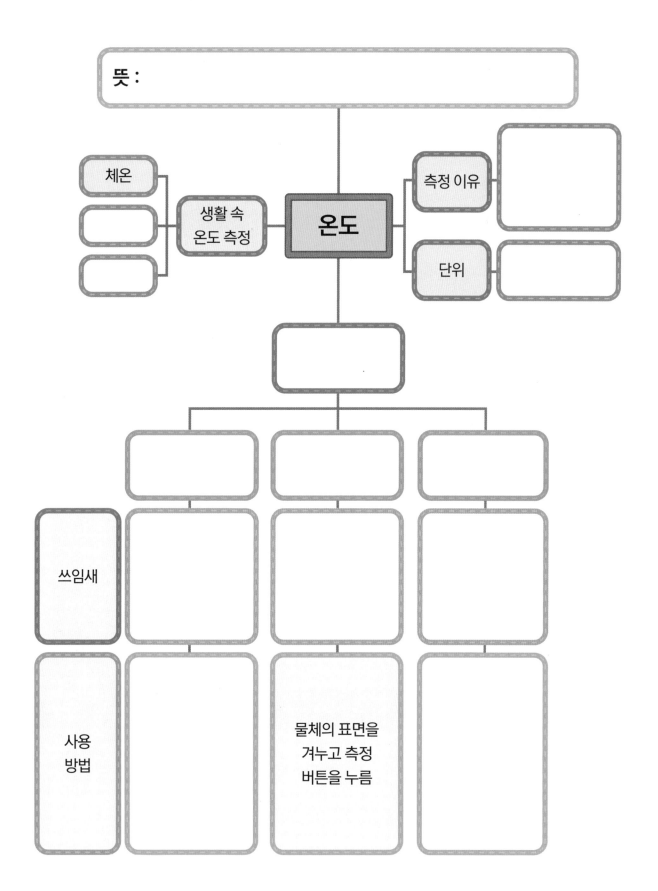

뜻 :

체온

생활 속 온도 측정

온도

측정 이유

단위

쓰임새

사용 방법

물체의 표면을 겨누고 측정 버튼을 누름

배운 내용을 말로 설명하는 과정은 내가 아는 것과 모르는 것을 구분하여 정확하게 이해하고 기억하게 해 주는 최고의 공부법이에요. 앞에 정리한 내용을 떠올리며 설명해 보세요.

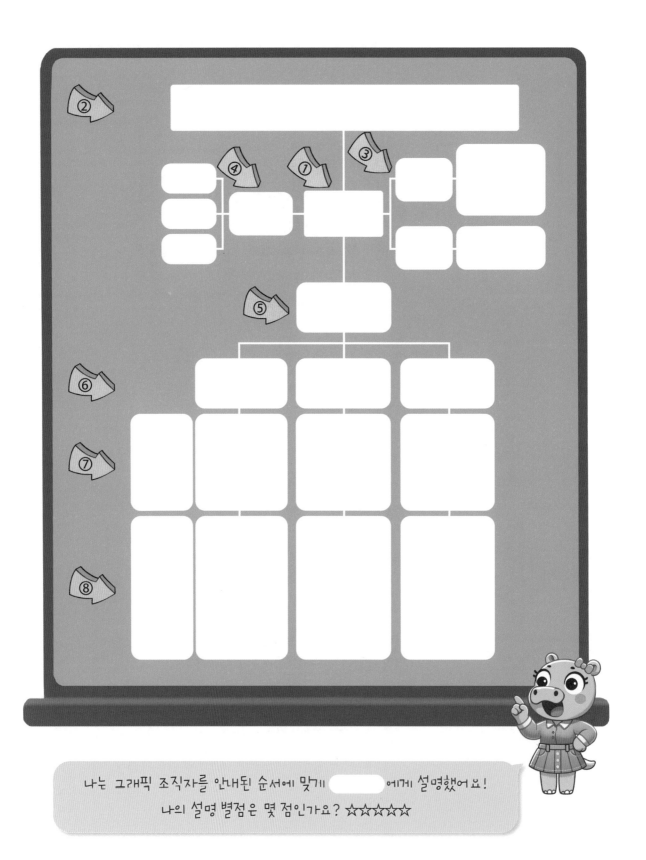

나는 그래픽 조직자를 안내된 순서에 맞게   에게 설명했어요!
나의 설명 별점은 몇 점인가요? ☆☆☆☆☆

하롱이와 친구들은 생활 속 온도를 측정하는 조별 과제를 해결해야 합니다. 여러 가지 상황에 맞는 온도계를 선택할 수 있도록 하롱이와 친구들을 도와주세요. 그리고 빈칸에 알맞은 온도계의 이름을 적어 주세요.

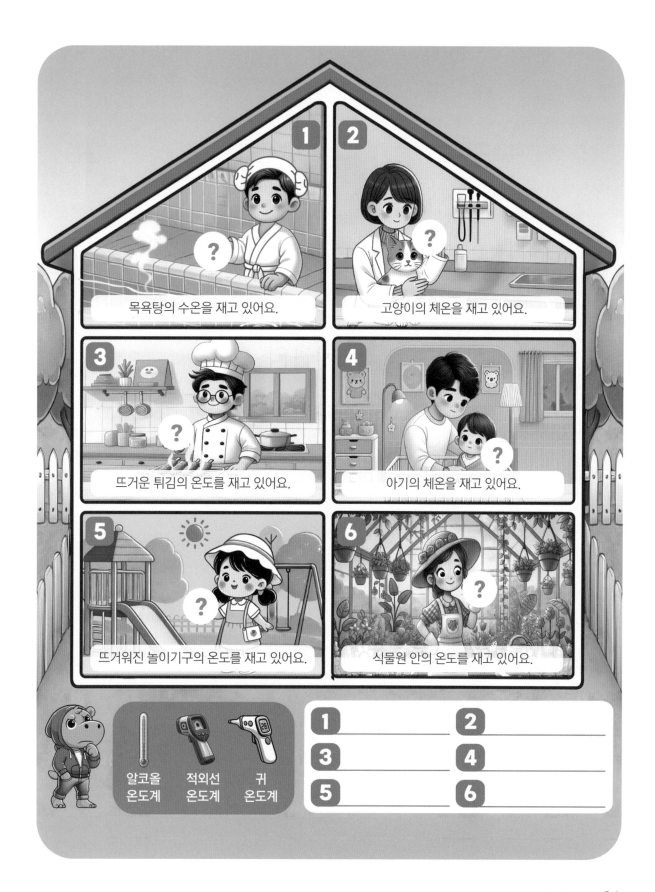

1 목욕탕의 수온을 재고 있어요.

2 고양이의 체온을 재고 있어요.

3 뜨거운 튀김의 온도를 재고 있어요.

4 아기의 체온을 재고 있어요.

5 뜨거워진 놀이기구의 온도를 재고 있어요.

6 식물원 안의 온도를 재고 있어요.

알코올 온도계   적외선 온도계   귀 온도계

1 _____   2 _____
3 _____   4 _____
5 _____   6 _____

02 고체에서 열은 어떻게 이동할까요?

학습 목표

고체에서 열의 이동을 알고, 전도와 단열의 원리를
이해할 수 있다.

학습 완료 체크

학습이 끝난 코너는 ✔ 체크해 보세요.

- ☐ 생각 열기
- ☐ 어휘 뜻 짐작하기
- ☐ 어휘력이 쑥쑥
- ☐ 내용이 쏙쏙
- ☐ 그래픽 조직자
- ☐ 말하는 공부
- ☐ 기억 꺼내기

고체에서 열의 이동과
전도, 단열의 원리를
하동이와 함께
신나게 공부해 보자~

생각 열기

도로시와 친구들은 에메랄드 도시에 살고 있는 오즈의 마법사를 찾아가는 길입니다. 황금으로 만든 벽돌 길을 잘 건너갈 수 있을까요?

해가 쨍쨍 내리쬐는 여름, 황금 벽돌이 깔린 길을 친구들이 걸어갑니다. 도로시는 은구두를, 사자는 털신을, 허수아비는 짚신을, 양철 나무꾼은 알루미늄 신발을 신고 오즈의 마법사를 찾아갑니다. 그런데 도로시와 양철 나무꾼이 갑자기 발을 동동거립니다. 그 이유는 무엇일까요?

그 이유는 _____

_____

물체에서 열이 얼마나 빠르게 전달되는지를 나타내는 것을 '열전도율'이라고 합니다. 일상생활에서 열전도율이 가장 높은 금속은 '은'입니다. 열전도율은 은 ➡ 구리 ➡ 금 ➡ 알루미늄 ➡ 텅스텐 ➡ 황동 순으로 높습니다.

　　뜨거운 삶은 달걀을 차가운 물에 넣으면 달걀은 점점 식고, 물은 미지근해집니다. 이는 온도가 다른 두 물체가 만나면 높은 쪽에서 낮은 쪽으로 열이 이동하기 때문입니다. 시간이 지나면서 열은 계속 이동하고, 결국 두 물체 온도는 같아지게 됩니다.

　　고체에서 열은 온도가 높은 곳에서 낮은 곳으로 물질을 따라 이동합니다. 이러한 열의 이동을 전도라고 합니다. 고체 물질의 한쪽을 가열하면 그 부분의 온도가 높아지면서 열이 높은 곳에서 낮은 곳으로 빠르게 전달됩니다. 예를 들어, 뜨거운 불판 위에 고기를 올려놓으면 불판의 열이 고기로 전달되어 고기가 익는 것을 볼 수 있습니다. 뜨거운 찌개가 담긴 냄비에 국자를 넣으면 냄비의 열이 국자로 이동해서 국자가 점점 뜨거워집니다. 이것도 전도 현상 때문입니다.

　　고체 물질의 종류에 따라 열이 얼마나 빠르게 이동하는지 나타낸 정도를 열전도율이라고 합니다. 열전도율은 금속마다 다릅니다. 은, 구리, 금, 알루미늄, 텅스텐, 황동은 열이 빠르게 전도됩니다. 하지만 플라스틱, 고무, 종이 등은 열이 천천히 전도됩니다.

　　고체 물질에서 열이 전도되는 빠르기가 다른 성질을 이용하여 두 개의 물질 사이에서 열의 이동을 막는 것을 단열이라고 합니다. 예를 들어, 요리할 때 사용하는 냄비 몸통은 열이 잘 전도되는 금속으로 만들지만, 손잡이는 열이 잘 전달되지 않는 플라스틱으로 만듭니다. 또, 집을 지을 때 벽이나 천장에 스티로폼과 같은 단열재를 사용해서 열이 밖으로 새어 나가지 못하도록 막습니다. 그래서 겨울에는 집 안이 따뜻하고, 여름에는 시원하게 지낼 수 있습니다. 우리가 추운 겨울에 장갑, 모자, 외투를 입으면 우리 몸의 열이 밖으로 빠져나가는 걸 막아줘서 따뜻해집니다. 이렇게 우리는 전도와 단열을 이용하여 편리한 생활을 하고 있습니다.

❶ ☐ 표시한 어휘 중 정확한 뜻을 알고 싶은 어휘를 골라 아래에 쓰세요.

❷ 어휘 사전에서 어휘의 뜻을 찾아 이해한 뒤, 뜻을 **내 말로** 정리해 보세요.

내용이 쏙쏙

✏️ 글을 읽으며 글쓴이가 중요하다고 강조하는 중심어에는 ◯, 중심 문장에는 _____을 그어 보세요.

1문단
● 중심어에 ◯하기
● 중심 문장에 ___긋기

1 뜨거운 삶은 달걀을 차가운 물에 넣으면 달걀은 점점 식고, 물은 미지근해집니다. 이는 온도가 다른 두 물체가 만나면 높은 쪽에서 낮은 쪽으로 열이 이동하기 때문입니다. 시간이 지나면서 열은 계속 이동하고, 결국 두 물체 온도는 같아지게 됩니다.

2문단
● 중심어에 ◯하기
● 중심 문장에 ___긋기

2 고체에서 열은 온도가 높은 곳에서 낮은 곳으로 물질을 따라 이동합니다. 이러한 열의 이동을 전도라고 합니다. 고체 물질의 한쪽을 가열하면 그 부분의 온도가 높아지면서 열이 높은 곳에서 낮은 곳으로 빠르게 전달됩니다. 예를 들어, 뜨거운 불판 위에 고기를 올려놓으면 불판의 열이 고기로 전달되어 고기가 익는 것을 볼 수 있습니다. 뜨거운 찌개가 담긴 냄비에 국자를 넣으면 냄비의 열이 국자로 이동해서 국자가 점점 뜨거워집니다. 이것도 전도 현상 때문입니다.

3문단
● 중심어에 ◯하기
● 중심 문장에 ___긋기

3 고체 물질의 종류에 따라 열이 얼마나 빠르게 이동하는지 나타낸 정도를 열전도율이라고 합니다. 열전도율은 금속마다 다릅니다. 은, 구리, 금, 알루미늄, 텅스텐, 황동은 열이 빠르게 전도됩니다. 하지만 플라스틱, 고무, 종이 등은 열이 천천히 전도됩니다.

4문단
● 중심어(어구)에 ◯하기
● 중심 문장에 ___긋기

4 고체 물질에서 열이 전도되는 빠르기가 다른 성질을 이용하여 두 개의 물질 사이에서 열의 이동을 막는 것을 단열이라고 합니다. 예를 들어, 요리할 때 사용하는 냄비 몸통은 열이 잘 전도되는 금속으로 만들지만, 손잡이는 열이 잘 전달되지 않는 플라스틱으로 만듭니다. 또, 집을 지을 때 벽이나 천장에 스티로폼과 같은 단열재를 사용해서 열이 밖으로 새어 나가지 못하도록 막습니다. 그래서 겨울에는 집 안이 따뜻하고, 여름에는 시원하게 지낼 수 있습니다. 우리가 추운 겨울에 장갑, 모자, 외투를 입으면 우리 몸의 열이 밖으로 빠져나가는 걸 막아 줘서 따뜻해집니다. 이렇게 우리는 전도와 단열을 이용하여 편리한 생활을 하고 있습니다.

그래픽 조직자

지문의 중심 내용을 요약해 보세요.

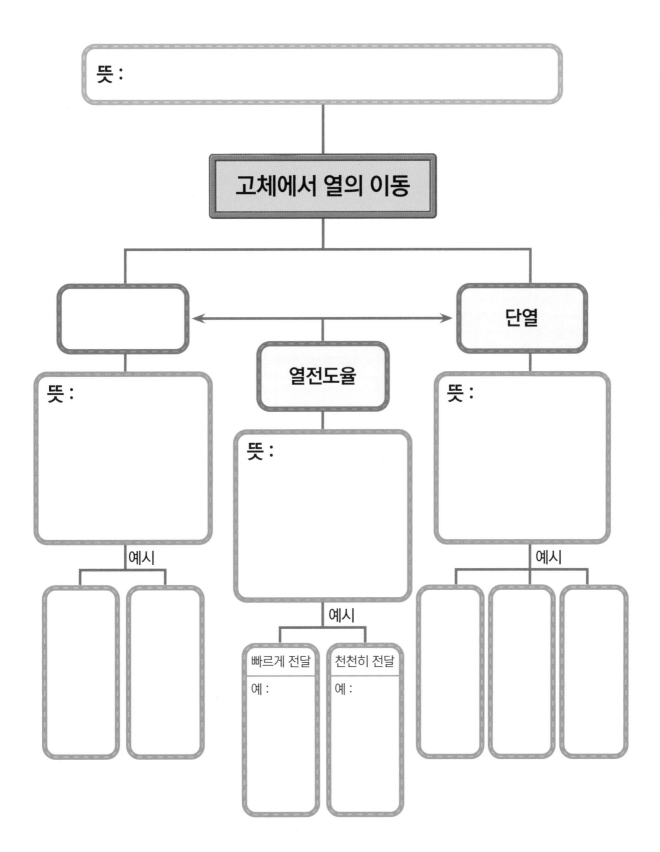

뜻 :

고체에서 열의 이동

뜻 :

열전도율

단열

뜻 :

뜻 :

예시

뜻 :

예시

예시

빠르게 전달	천천히 전달
예 :	예 :

말하는 공부

배운 내용을 말로 설명하는 과정은 내가 아는 것과 모르는 것을 구분하여 정확하게 이해하고 기억하게 해 주는 최고의 공부법이에요. 앞에 정리한 내용을 떠올리며 번호 순서대로 설명해 보세요.

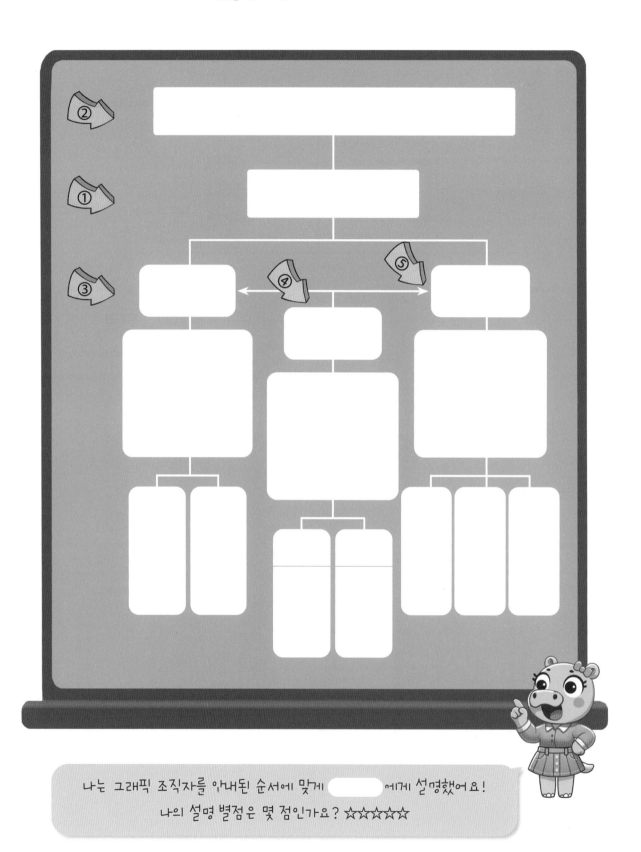

나는 그래픽 조직자를 안내된 순서에 맞게 _____에게 설명했어요!
나의 설명 별점은 몇 점인가요? ☆☆☆☆☆

기억 꺼내기

하롱이 할머니는 추석날 가족들과 함께 먹을 쇠고기를 미리 주문했습니다. 할머니는 도착한 고기를 아이스박스 채로 냉장고에 잘 보관했습니다. 2주가 지난 뒤 아이스박스에서 고기를 꺼냈더니 아이스박스 안 아이스팩은 이미 다 녹아 있었고, 고기는 썩어 있었습니다. 냉장고에 보관했는데 고기는 왜 썩었을까요?

힌트 아이스박스는 스티로폼으로 만들어져 있었습니다.

단서 '단열', '냉기', '차단'이라는 단어를 떠올리며 생각해 보세요.

고기가 썩은 이유는,

03 액체, 기체에서 열은 어떻게 이동할까요?

학습 목표

액체와 기체에서 열의 이동을 알고, 대류의 원리를 이해할 수 있다.

학습 완료 체크

학습이 끝난 코너는 ✔ 체크해 보세요.

- ☐ 생각 열기
- ☐ 어휘 뜻 짐작하기
- ☐ 어휘력이 쑥쑥
- ☐ 내용이 쏙쏙
- ☐ 그래픽 조직자
- ☐ 말하는 공부
- ☐ 기억 꺼내기

액체, 기체에서 열이 어떻게 이동하는지 하롱이와 함께 신나게 공부해 보자~

생각
열기

추운 겨울, 하롱이네 온실이 너무 추워요. 위쪽 새장에 살고 있는 사랑앵무도, 아래에서 지내는 고양이도 떨고 있습니다. 온실에서 살고 있는 새와 고양이를 모두 따뜻하게 하려면 하롱이가 난방기를 어떤 위치에 설치해야 할까요? 그 이유도 설명해 보세요.

2단원 | 온도와 열

난방기를 설치하면 좋은 곳은 _____ 번입니다. 왜냐하면, _____

_____

_____

2단원 온도와 열 **41**

냄비에 물을 넣고 끓이면, 냄비 바닥에 있는 물이 제일 먼저 뜨거워집니다. 뜨거워진 물은 위로 올라가고, 위에 있던 차가운 물은 아래로 밀려 내려옵니다. 아래로 내려간 차가운 물은 다시 냄비 바닥에서 뜨거워져서 위로 올라가고, 이런 과정을 계속 반복하면서 냄비 안의 물 전체가 뜨거워집니다. 이처럼 온도가 높아진 액체는 위로 올라가고, 온도가 낮은 액체는 아래로 내려오면서 열이 이동하는 것을 액체의 대류라고 합니다.

비커에 차가운 물을 담고 바닥에 파란색 잉크를 넣은 후 아랫부분을 가열합니다. 가열하면 아랫부분의 물이 뜨거워지면서 바닥에 있던 파란색 잉크가 점점 위로 올라가는 것을 볼 수 있습니다. 이러한 과정이 반복되면 비커 안에 물은 파란색으로 변합니다. 이것은 뜨거워진 물이 위로 올라가고 차가운 물은 아래로 내려오는 액체의 대류 현상 때문입니다.

바닥에 놓인 난방기를 켜면 난방기 주변의 공기가 따뜻하게 데워집니다. 이때 온도가 높아진 공기는 위로 올라가고 위에 있던 차가운 공기는 아래로 밀려 내려옵니다. 이러한 과정이 반복되면서 방 안 전체가 따뜻해집니다. 이처럼 온도가 높아진 공기가 위로 올라가고 위에 있던 차가운 공기는 아래로 내려오면서 열이 이동하는 것을 기체의 대류라고 합니다.

삼발이 아래에 알코올램프를 놓고 불을 붙이지 않은 상태에서 비눗방울을 불어 보세요. 비눗방울이 아래로 떨어질 것입니다. 하지만 알코올램프에 불을 붙이고 비눗방울을 불면 주변의 공기가 뜨거워지면서 비눗방울이 위로 올라가는 것을 볼 수 있습니다. 이것은 공기를 데우면 뜨거운 공기가 위로 올라가는 기체의 대류 현상 때문입니다.

① ▢ 표시한 어휘 중 정확한 뜻을 알고 싶은 어휘를 골라 아래에 쓰세요.

② 어휘 사전에서 어휘의 뜻을 찾아 이해한 뒤, 뜻을 **내 말로** **정리**해 보세요.

내용이 쏙쏙

글을 읽으며 글쓴이가 중요하다고 강조하는 중심어에는 ◯, 중심 문장에는 _____을 그어 보세요.

1문단
○ 중심어에 ◯하기
○ 중심 문장에 ___ 긋기

1 냄비에 물을 넣고 끓이면, 냄비 바닥에 있는 물이 제일 먼저 뜨거워집니다. 뜨거워진 물은 위로 올라가고, 위에 있던 차가운 물은 아래로 밀려 내려옵니다. 아래로 내려간 차가운 물은 다시 냄비 바닥에서 뜨거워져서 위로 올라가고, 이런 과정을 계속 반복하면서 냄비 안의 물 전체가 뜨거워집니다. 이처럼 온도가 높아진 액체는 위로 올라가고, 온도가 낮은 액체는 아래로 내려오면서 열이 이동하는 것을 액체의 대류라고 합니다.

2문단
○ 중심어에 ◯하기
○ 제목 붙이기
[   ]

2 비커에 차가운 물을 담고 바닥에 파란색 잉크를 넣은 후 아랫부분을 가열합니다. 가열하면 아랫부분의 물이 뜨거워지면서 바닥에 있던 파란색 잉크가 점점 위로 올라가는 것을 볼 수 있습니다. 이러한 과정이 반복되면 비커 안에 물은 파란색으로 변합니다. 이것은 뜨거워진 물이 위로 올라가고 차가운 물은 아래로 내려오는 액체의 대류 현상 때문입니다.

3문단
○ 중심어에 ◯하기
○ 중심 문장에 ___ 긋기

3 바닥에 놓인 난방기를 켜면 난방기 주변의 공기가 따뜻하게 데워집니다. 이때 온도가 높아진 공기는 위로 올라가고 위에 있던 차가운 공기는 아래로 밀려 내려옵니다. 이러한 과정이 반복되면서 방 안 전체가 따뜻해집니다. 이처럼 온도가 높아진 공기가 위로 올라가고 위에 있던 차가운 공기는 아래로 내려오면서 열이 이동하는 것을 기체의 대류라고 합니다.

4문단
○ 중심어에 ◯하기
○ 제목 붙이기
[   ]

4 삼발이 아래에 알코올램프를 놓고 불을 붙이지 않은 상태에서 비눗방울을 불어 보세요. 비눗방울이 아래로 떨어질 것입니다. 하지만 알코올램프에 불을 붙이고 비눗방울을 불면 주변의 공기가 뜨거워지면서 비눗방울이 위로 올라가는 것을 볼 수 있습니다. 이것은 공기를 데우면 뜨거운 공기가 위로 올라가는 기체의 대류 현상 때문입니다.

지문의 중심 내용을 요약해 보세요.

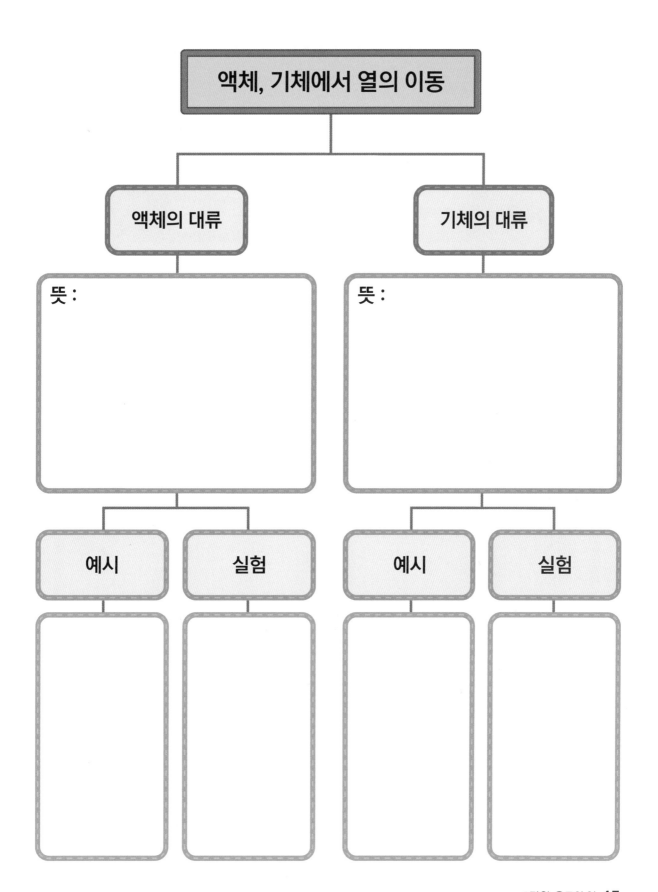

액체, 기체에서 열의 이동

액체의 대류

뜻 :

예시

실험

기체의 대류

뜻 :

예시

실험

배운 내용을 말로 설명하는 과정은 내가 아는 것과 모르는 것을 구분하여 정확하게 이해하고 기억하게 해 주는 최고의 공부법이에요. 앞에 정리한 내용을 떠올리며 번호 순서대로 설명해 보세요.

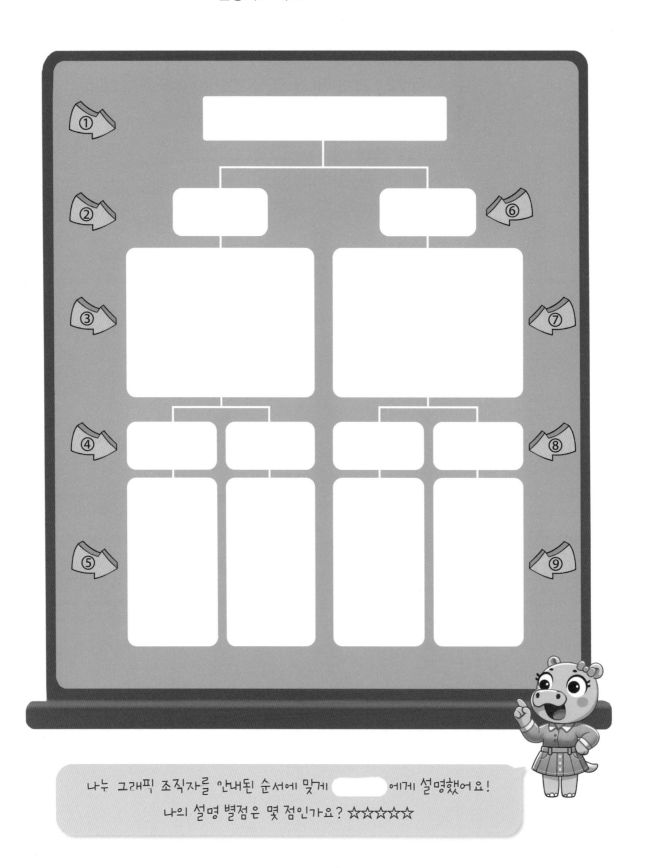

나는 그래픽 조직자를 안내된 순서에 맞게 _____ 에게 설명했어요! 나의 설명 별점은 몇 점인가요? ☆☆☆☆☆

온도와 열에 대해 배운 뒤 짝꿍 찾기 게임을 합니다.
열이 이동하는 방법이 같은 사진끼리 짝을 지을 거예요.
여러분이 줄을 그어 짝을 이어 주세요.

뜨거운 불판 위에서
익어가는 고기

전도

고체 물질을 따라
온도가 높은 곳에서
낮은 곳으로
열이 이동하는
현상

뜨거운 공기로 올라가는
열기구

집 지을 때 스티로폼을
단열재로 사용하는 모습

대류

액체나 기체에서
온도가 높아진 물질이
위로 이동하고,
온도가 낮은 물질이
아래로 이동하는
현상

플라스틱으로 만들어진
프라이팬 손잡이

전기 주전자에서 물이
팔팔 끓는 모습

단열

두 물질 사이에서
열이 전달되지
않도록 막는 현상

물이 팔팔 끓는 냄비 뚜껑을
손으로 잡고 놀라는 모습

온도와 열에 대한 설명을 읽고, 알맞은 어휘를 같은 번호가 적힌 빈칸에 적어 보세요. 어휘를 찾은 뒤, 내가 맞힌 어휘의 점수를 더해 보세요. 나는 몇 점을 획득했나요?

1 물체의 차갑거나 따뜻한 정도를 정확하게 측정하는 도구

2 물체 사이에서 열의 이동을 막는 현상

3 물체의 차갑거나 따뜻한 정도

4 액체나 기체에서 온도가 높아진 물질이 위로 이동하고, 이보다 온도가 낮은 물질이 아래로 이동하는 현상

5 고체에서 온도가 높은 부분에서 온도가 낮은 부분으로 열이 이동하는 현상

6 일정한 양을 기준으로 하여 길이, 면적, 무게, 크기 등을 재는 것

7 고체 물질에 따라 열이 이동하는 빠르기를 나타내는 정도

8 어떤 물질에 열을 가하는 것

10점	15점	5점	10점
①	②	③	④

20점	10점	15점	10점
⑤	⑥	⑦	⑧

나는 (   )점!

하롱 선장은 배를 타다 폭풍우를 만나 무인도에 표류했습니다.
무엇보다 하롱 선장은 추위를 막아 줄 '집'을 만들어야 합니다.
열을 뺏기지 않고 추위를 막아 줄 집을 짓기 위해 하롱 선장은
어떤 재료를 선택해야 할까요? 아래 재료를 이용해 집을 짓는
과정을 설명해 보세요.

힌트 지붕은 전도의 원리, 벽은 단열의 원리, 난방은 대류의 원리를
이용하세요.

3단원

태양계와 별

01 태양계를 구성하는 태양과 행성의
특징은 무엇일까요?

02 북쪽 하늘의 별자리를 알아볼까요?

태양계를 구성하는 태양과 행성의 특징은 무엇일까요?

학습 목표

태양이 지구에 미치는 영향과 태양계의 특징을 설명할 수 있다.

학습 완료 체크

학습이 끝난 코너는 ✓ 체크해 보세요.

- ☐ 생각 열기
- ☐ 어휘 뜻 짐작하기
- ☐ 어휘력이 쑥쑥
- ☐ 내용이 쏙쏙
- ☐ 그래픽 조직자
- ☐ 말하는 공부
- ☐ 기억 꺼내기

태양계의 구성이
궁금한 친구들 모여라~
하롱이와 함께
신나게 공부해 보자~

생각
열기

1969년 7월 20일은 인류가 처음으로 달 착륙에 성공한 날이에요. 우주선을 발사하기 전, 우주 환경이 과연 생물에게 어떤 영향을 미칠지 미리 알아보는 것은 매우 중요했어요. 여기 인간보다 먼저 우주를 다녀온 동물들이 있어요. 각각의 동물들이 왜 뽑혔을지 생각해 보고 글을 써넣으세요.

나는 초파리야. 우리는 인간과 동물을 통틀어 최초로 우주로 간 곤충이지. 그런데 왜 초파리를 가장 먼저 우주로 보냈을까? 그 이유는 우리가 담뱃갑 하나에 수천 마리가 들어갈 수 있을 정도로 작아서 우주로 보내기에 딱 좋았거든. 게다가 번식도 잘하고 말이야.

1947

내 이름은 라이카야. 소련(러시아)에서 태어났어. 난 모스크바 시내를 떠돌아다니다 우주인으로 선택됐지. 과학자들은 내가 떠돌이 개라서 더 마음에 들었대. 왜냐하면 집에서 길러진 개보다

_____

_____

_____

1957

난 침팬지고 이름은 햄이야. 나는 무려 7분간이나 무중력 상태를 체험하고 지구로 무사히 귀환했지. 그런데 내가 왜 뽑혔냐 하면 _____

_____

_____

1961

현재는 우주 연구에 동물보다는 인공 생명체나 로봇 등을 이용하여 우주 탐사를 진행하고 있습니다.

태양은 지구에 있는 생물이 살아가는 데 필요한 에너지를 줍니다. 태양은 지구를 따뜻하게 하여 여러 생물이 살기에 알맞은 환경을 만들어 주고, 물이 순환하도록 해 줍니다. 식물은 태양의 빛을 통해 광합성으로 양분을 만들고, 초식동물은 식물을 먹고 살아갑니다. 또 사람들은 태양빛을 이용해 전기를 만들며, 바닷물을 증발시켜 소금을 얻습니다.

우리가 사는 지구와 태양은 태양계에 속합니다. 태양계는 태양의 영향을 받는 공간과 그 안에 있는 천체들을 이르는 말입니다. 태양계는 태양과 행성 등으로 이루어져 있습니다. 태양은 태양계의 중심에 있으며, 스스로 빛과 열을 내는 유일한 천체입니다. 행성은 태양 주위를 도는 천체를 말하며, 수성, 금성, 지구, 화성, 목성, 토성, 천왕성, 해왕성이 있습니다.

태양계의 행성은 각기 다른 특징을 가지고 있습니다. 수성은 회색빛을 띠고, 표면에는 울퉁불퉁한 구덩이가 많습니다. 행성 중 가장 밝게 빛나는 금성은 노란색과 흰색이 어우러져 있으며, 표면은 단단한 암석으로 덮여 있습니다. 지구는 70%가 바다로 덮여 있어 파랗게 보이고, 표면이 암석으로 이루어져 있습니다. 화성은 붉은 먼지로 뒤덮여 있으며 표면은 대부분 암석입니다. 목성은 표면에 갈색과 흰색이 섞인 줄무늬가 있으며, 거대한 붉은 반점도 있습니다. 또한 대부분 가스로 이루어져 있고 희미한 고리가 있습니다. 토성은 흰색과 노란색의 기체가 섞여 있으며, 태양계 행성 중 가장 크고 선명한 고리를 가지고 있습니다. 천왕성은 표면이 청록색의 기체로 덮여 있으며 희미한 고리가 있습니다. 해왕성은 파란색이며 기체로 이루어져 있고, 아주 얇은 고리를 가지고 있습니다.

태양계에서 가장 큰 행성은 목성이며, 가장 작은 행성은 수성입니다. 지구보다 큰 행성은 목성, 토성, 천왕성, 해왕성입니다. 태양에서 가까운 행성의 순서는 수성, 금성, 지구, 화성, 목성, 토성, 천왕성, 해왕성입니다.

어휘력이 쑥쑥

❶ ☐ 표시한 어휘 중 정확한 뜻을 알고 싶은 어휘를 골라 아래에 쓰세요.

❷ 어휘 사전에서 어휘의 뜻을 찾아 이해한 뒤, 뜻을 **내 말로 정리**해 보세요.

글을 읽으며 글쓴이가 중요하다고 강조하는 중심어에는 ○,
중심 문장에는 _____을 그어 보세요.

1문단
● 중심어에 ○하기
● 중심 문장에 ____긋기

2문단
● 중심어에 ○하기
● 중심 문장에 ____긋기

3문단
● 중심어에 ○하기
● 중심 문장에 ____긋기
● 각 행성에 □ 하기

4문단
● 중심어에 ○하기
● 제목 붙이기
  [행성의 □□와 □□]

1 태양은 지구에 있는 생물이 살아가는 데 필요한 에너지를 줍니다. 태양은 지구를 따뜻하게 하여 여러 생물이 살기에 알맞은 환경을 만들어 주고, 물이 순환하도록 해 줍니다. 식물은 태양의 빛을 통해 광합성으로 양분을 만들고, 초식동물은 식물을 먹고 살아갑니다. 또 사람들은 태양빛을 이용해 전기를 만들며, 바닷물을 증발시켜 소금을 얻습니다.

2 우리가 사는 지구와 태양은 태양계에 속합니다. 태양계는 태양의 영향을 받는 공간과 그 안에 있는 천체들을 이르는 말입니다. 태양계는 태양과 행성 등으로 이루어져 있습니다. 태양은 태양계의 중심에 있으며, 스스로 빛과 열을 내는 유일한 천체입니다. 행성은 태양 주위를 도는 천체를 말하며, 수성, 금성, 지구, 화성, 목성, 토성, 천왕성, 해왕성이 있습니다.

3 태양계의 행성은 각기 다른 특징을 가지고 있습니다. 수성은 회색빛을 띠고, 표면에는 울퉁불퉁한 구덩이가 많습니다. 행성 중 가장 밝게 빛나는 금성은 노란색과 흰색이 어우러져 있으며, 표면은 단단한 암석으로 덮여 있습니다. 지구는 70%가 바다로 덮여 있어 파랗게 보이고, 표면이 암석으로 이루어져 있습니다. 화성은 붉은 먼지로 뒤덮여 있으며 표면은 대부분 암석입니다. 목성은 표면에 갈색과 흰색이 섞인 줄무늬가 있으며, 거대한 붉은 반점도 있습니다. 또한 대부분 가스로 이루어져 있고 희미한 고리가 있습니다. 토성은 흰색과 노란색의 기체가 섞여 있으며, 태양계 행성 중 가장 크고 선명한 고리를 가지고 있습니다. 천왕성은 표면이 청록색의 기체로 덮여 있으며 희미한 고리가 있습니다. 해왕성은 파란색이며 기체로 이루어져 있고, 아주 얇은 고리를 가지고 있습니다.

4 태양계에서 가장 큰 행성은 목성이며, 가장 작은 행성은 수성입니다. 지구보다 큰 행성은 목성, 토성, 천왕성, 해왕성입니다. 태양에서 가까운 행성의 순서는 수성, 금성, 지구, 화성, 목성, 토성, 천왕성, 해왕성입니다.

그래픽 조직자

지문의 중심 내용을 요약해 보세요.

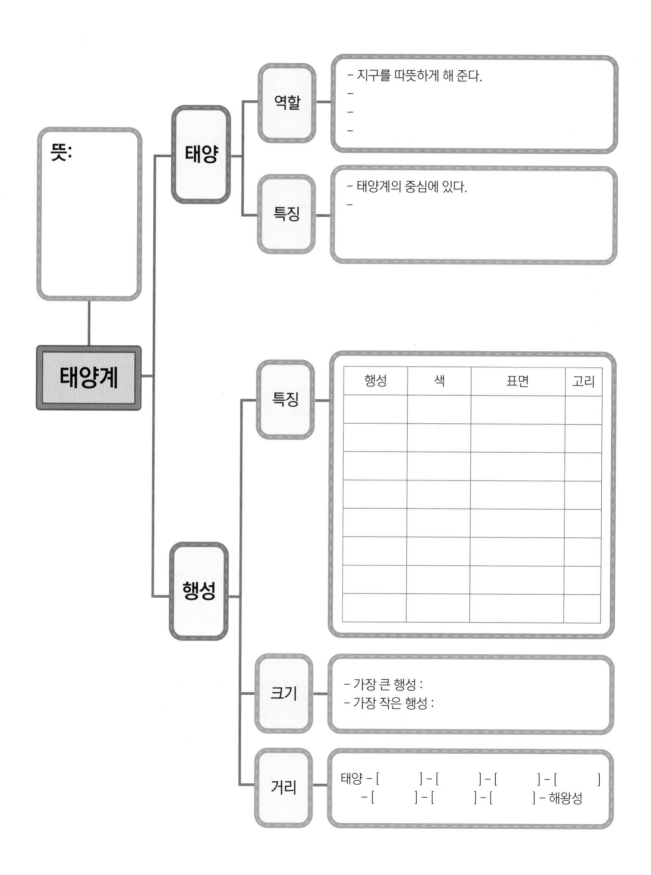

뜻:

태양계

태양

역할
- 지구를 따뜻하게 해 준다.
-
-
-

특징
- 태양계의 중심에 있다.
-

행성

특징

행성	색	표면	고리

크기
- 가장 큰 행성 :
- 가장 작은 행성 :

거리
태양 - [   ] - [   ] - [   ] - [   ]
     - [   ] - [   ] - [   ] - 해왕성

배운 내용을 말로 설명하는 과정은 내가 아는 것과 모르는 것을 구분하여 정확하게 이해하고 기억하게 해 주는 최고의 공부법이에요. 앞에 정리한 내용을 떠올리며 번호 순서대로 설명해 보세요.

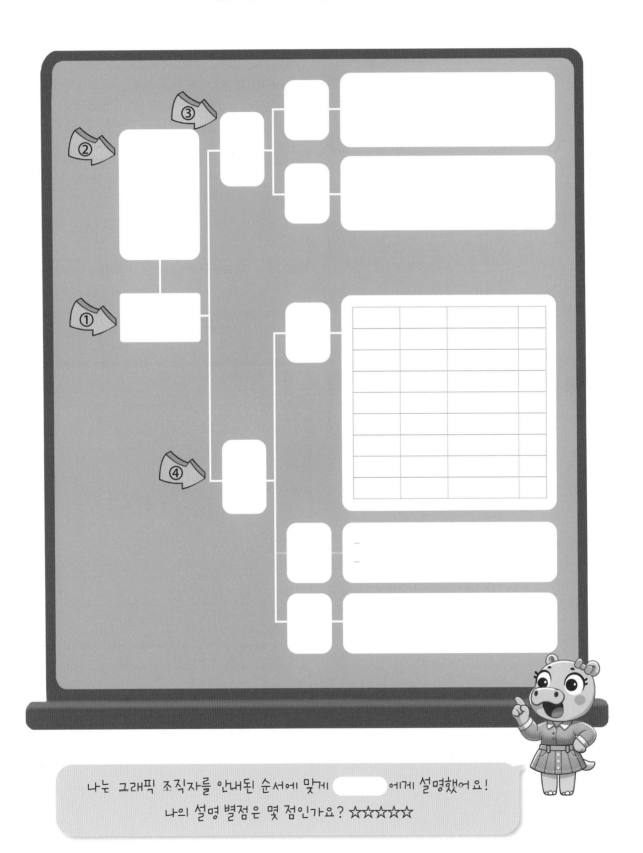

나는 그래픽 조직자를 안내된 순서에 맞게 〇〇〇〇 에게 설명했어요!
나의 설명 별점은 몇 점인가요? ☆☆☆☆☆

2560년에 사는 하롱이가 태양계 여행을 계획하고 있어요. 어디를 가야 할지 정하기 위해 하롱이는 태양계 여행 후기를 살펴보았어요. 다음 후기를 보고 도착한 행성의 이름을 빈칸에 쓰세요. 그리고 각 행성의 특징을 떠올리며 여행 후기를 상상하여 써 보세요.

 ★☆☆☆☆

아이가 좀 더 가까운 곳에서 태양을 보고 싶다고 하여 이 행성에 가게 되었어요. 고리가 없고 구덩이가 많아서 표면이 무척 울퉁불퉁했어요. 태양에서 가장 가까운 행성이다 보니 지구에서 보는 것보다 태양이 훨씬 크게 보이더라고요.

☆ SPACE TICKET |||||||||||||

출발		도착
지구	🚀	

FLIGHT	GATE	SEAT NO.
HMR0909	15	10C

 ★★★★★

여기는 태양에서 여섯 번째로 먼 행성이다 보니 여행하기에는 멀었어요. 이 행성의 특징은 _____

_____

_____

☆ SPACE TICKET |||||||||||||

출발		도착
지구	🚀	토성

FLIGHT	GATE	SEAT NO.
HMR0628	20	32A

 ★☆☆☆☆

오랜 시간 끝에 도착했지만 대부분 가스로 이루어져 착륙은 할 수 없었어요. 하지만 이렇게 거대한 행성을 가까이서 보는 것만으로도 아주 좋았어요. 행성에서 보이는 줄무늬랑 붉은 점이 멋졌어요.

☆ SPACE TICKET |||||||||||||

출발		도착
지구	🚀	

FLIGHT	GATE	SEAT NO.
HMR0391	7	23B

 ★★★☆☆

이 행성에 가 보는 것이 어릴 적 제 꿈이었어요. _____

_____

_____

☆ SPACE TICKET |||||||||||||

출발		도착
지구	🚀	금성

FLIGHT	GATE	SEAT NO.
HMR0709	13	33C

북쪽 하늘의 별자리를 알아볼까요?

학습 목표

별과 별자리를 이해할 수 있고, 북극성의 위치와 역할을 설명할 수 있다.

학습 완료 체크

학습이 끝난 코너는 ✔ 체크해 보세요.

- ☐ 생각 열기
- ☐ 어휘 뜻 짐작하기
- ☐ 어휘력이 쑥쑥
- ☐ 내용이 쏙쏙
- ☐ 그래픽 조직자
- ☐ 말하는 공부
- ☐ 기억 꺼내기

별, 별자리, 북극성이
궁금한 친구들 모여라~
하롱이와 함께
신나게 공부해 보자~

하롱이가 달마루 천문대를 방문했어요. 하롱이는 달마루 천문대 전시실에서 흥미로운 것을 보게 되었어요. 바로 북두칠성의 모습이 과거, 현재, 미래에 따라 달라진 그림이었어요. 하롱이의 질문에 해설사님은 어떻게 답했을까요?

아래 그림과 설명을 읽고 시대에 따라 모양이 변하는 북두칠성의 이름을 지어 보세요. 그리고 10만 년 후에 사람들은 일곱 개의 별에게 어떤 소원을 빌게 될 지 상상해서 써 보세요.

10만 년 전 — 우리는 이 별을 _____ (이)라고 불러. 할머니가 사냥을 잘하고 싶으면 여기에 소원을 빌라고 하셨어. 이 별은 사냥을 잘하게 해 준대.

현재 — 이건 북두칠성이야. 바가지나 국자처럼 생겼지? 옛날 사람들은 북두칠성이 비를 내려 농사가 잘되게 해 준다고 믿었대.

10만 년 후 — 이건 _____ 이야. _____

해설사님, 북두칠성은 변하지 않는 별이죠?

네, 별은 항상 그 자리에 있지요.

그럼 이 그림들은 잘못된 거네요.

하지만 오랜 시간이 지나면 별도 아주 조금씩 변한답니다. 별은 매년 매우 느리게 움직여요. 북두칠성의 경우 1도를 움직이는 데 수만 년이 걸려요. 또한 북두칠성 중앙에 있는 다섯 개의 별은 모두 같은 방향으로 움직이고 있어요.

다섯 개가 같은 방향으로 움직이는데도 모양이 많이 달라지네요. 왜 그런가요?

북두칠성이 모두 같은 선상에 있는 것처럼 보이지만, 어떤 별은 지구와 멀고 어떤 별은 더 가까워요. 게다가 일곱 개의 별이 움직이는 속도도 제각각이랍니다.

아, 그렇군요.

밤하늘에는 수많은 별이 반짝이고 있습니다. 별은 태양처럼 스스로 빛을 내는 천체입니다. 하지만 밤하늘에서 볼 수 있는 천체 중에는 별뿐만 아니라 행성도 있습니다. 행성은 태양빛을 반사하여 밝게 빛나는 천체입니다. 여러 날 동안 밤하늘을 관측해 보면 별은 지구에서 아주 멀리 떨어져 있어서 희미한 점으로 보이고, 움직임이 거의 없습니다. 반면에 행성은 별보다 지구와 가까이 있어서 더 밝고 또렷이 보이며, 시간이 지남에 따라 위치도 조금씩 변하는 것을 볼 수 있습니다.

옛날 사람들은 밤하늘의 밝은 별들을 서로 연결하여 별자리를 만들었습니다. 신화 속 인물, 동물, 물건 등의 모습을 떠올려 이름을 붙였는데 이것을 별자리라고 합니다. 달력이 없던 시절에는 농부들이 별자리의 움직임을 보고 농사 시기를 결정하기도 했습니다. 또한, GPS(길도우미)가 없던 옛날에는 낮에는 태양을, 밤에는 별자리를 이용하여 방향을 찾았습니다.

우리나라 북쪽 밤하늘에서는 큰곰자리, 작은곰자리, 카시오페이아자리를 일 년 내내 볼 수 있습니다. 특히 큰곰자리의 꼬리 부분을 이루는 일곱 개의 별은 북두칠성이라고 불립니다. 북두칠성과 카시오페이아자리를 이용하면 북극성을 찾을 수 있습니다. 북극성은 작은곰자리의 꼬리 부분에서도 밝게 빛나고 있습니다.

북극성은 항상 북쪽 하늘에 위치하며, 그 위치가 거의 변하지 않습니다. 그래서 옛날부터 북극성은 방향을 찾는 중요한 기준이 되었습니다. 밤에 바다에서 고기잡이하는 어부, 사막을 건너는 상인, 낯선 곳을 여행하는 여행자들이 북극성을 보고 방향을 찾아 안전하게 목적지에 도착할 수 있었습니다. 북극성을 바라보고 서 있으면 앞쪽은 북쪽, 오른쪽은 동쪽, 왼쪽은 서쪽, 뒤쪽은 남쪽이 됩니다. 마치 나침반과 같은 역할을 하는 것입니다.

❶ ☐ 표시한 어휘 중 정확한 뜻을 알고 싶은 어휘를 골라 아래에 쓰세요.

❷ 어휘 사전에서 어휘의 뜻을 찾아 이해한 뒤, 뜻을 **내 말로 정리**해 보세요.

내용이 쏙쏙

글을 읽으며 글쓴이가 중요하다고 강조하는 중심어에는 ◯, 중심 문장에는 _____을 그어 보세요.

1문단
○ 제목 붙이기
[   ]

2문단
○ 제목 붙이기
[   ]

3문단
○ 제목 붙이기
[   ]

4문단
○ 중심어에 ◯하기
○ 제목 붙이기
[   ]

1 밤하늘에는 수많은 별이 반짝이고 있습니다. 별은 태양처럼 스스로 빛을 내는 천체입니다. 하지만 밤하늘에서 볼 수 있는 천체 중에는 별뿐만 아니라 행성도 있습니다. 행성은 태양빛을 반사하여 밝게 빛나는 천체입니다. 여러 날 동안 밤하늘을 관측해 보면 별은 지구에서 아주 멀리 떨어져 있어서 희미한 점으로 보이고, 움직임이 거의 없습니다. 반면에 행성은 별보다 지구와 가까이 있어서 더 밝고 또렷이 보이며, 시간이 지남에 따라 위치도 조금씩 변하는 것을 볼 수 있습니다.

2 옛날 사람들은 밤하늘의 밝은 별들을 서로 연결하여 별자리를 만들었습니다. 신화 속 인물, 동물, 물건 등의 모습을 떠올려 이름을 붙였는데 이것을 별자리라고 합니다. 달력이 없던 시절에는 농부들이 별자리의 움직임을 보고 농사 시기를 결정하기도 했습니다. 또한, GPS(길도우미)가 없던 옛날에는 낮에는 태양을, 밤에는 별자리를 이용하여 방향을 찾았습니다.

3 우리나라 북쪽 밤하늘에서는 큰곰자리, 작은곰자리, 카시오페이아자리를 일 년 내내 볼 수 있습니다. 특히 큰곰자리의 꼬리 부분을 이루는 일곱 개의 별은 북두칠성이라고 불립니다. 북두칠성과 카시오페이아자리를 이용하면 북극성을 찾을 수 있습니다. 북극성은 작은곰자리의 꼬리 부분에서도 밝게 빛나고 있습니다.

4 북극성은 항상 북쪽 하늘에 위치하며, 그 위치가 거의 변하지 않습니다. 그래서 옛날부터 북극성은 방향을 찾는 중요한 기준이 되었습니다. 밤에 바다에서 고기잡이하는 어부, 사막을 건너는 상인, 낯선 곳을 여행하는 여행자들이 북극성을 보고 방향을 찾아 안전하게 목적지에 도착할 수 있었습니다. 북극성을 바라보고 서 있으면 앞쪽은 북쪽, 오른쪽은 동쪽, 왼쪽은 서쪽, 뒤쪽은 남쪽이 됩니다. 마치 나침반과 같은 역할을 하는 것입니다.

그래픽 조직자

지문의 중심 내용을 요약해 보세요.

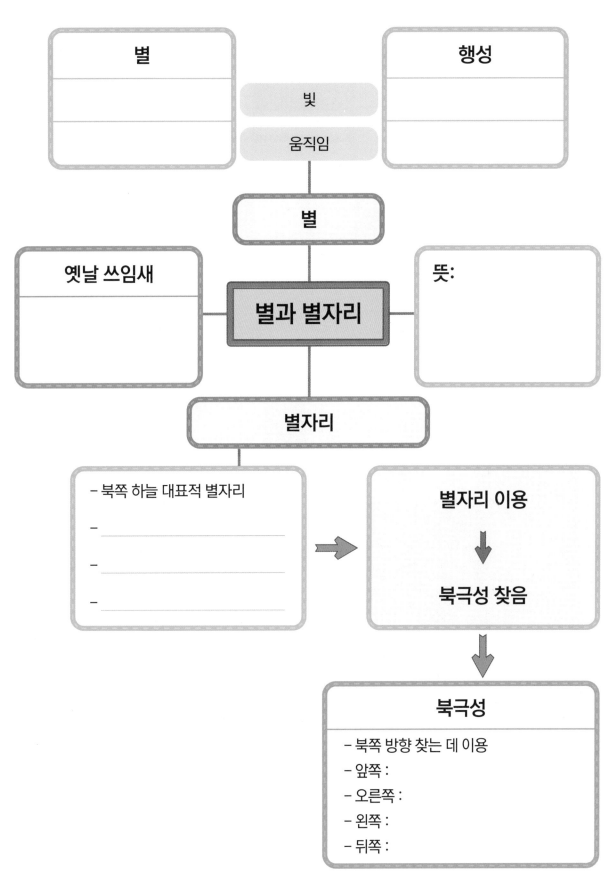

별	행성

빛

움직임

별

옛날 쓰임새	별과 별자리	뜻:

별자리

- 북쪽 하늘 대표적 별자리
- _____
- _____
- _____

별자리 이용

⬇

북극성 찾음

북극성
- 북쪽 방향 찾는 데 이용
- 앞쪽 :
- 오른쪽 :
- 왼쪽 :
- 뒤쪽 :

배운 내용을 말로 설명하는 과정은 내가 아는 것과 모르는 것을 구분하여 정확하게 이해하고 기억하게 해 주는 최고의 공부법이에요. 앞에 정리한 내용을 떠올리며 번호 순서대로 설명해 보세요.

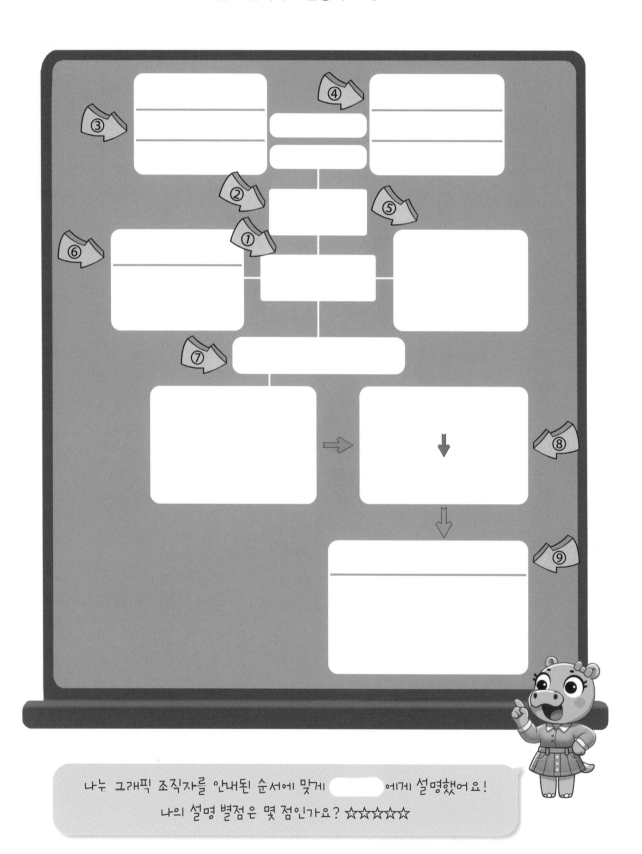

나는 그래픽 조직자를 안내된 순서에 맞게 _____ 에게 설명했어요!
나의 설명 별점은 몇 점인가요? ☆☆☆☆☆

기억
꺼내기

그리스에 사는 하롱이는 점성술사가 되고 싶었어요. 그래서 아테네에서 유명한 점성술사인 아스틴 선생님을 찾아갔어요. 선생님은 하롱이가 천체에 대한 지식이 얼마나 있는지 알아보기 위해 문제를 냈어요. 이 문제의 답을 정확하게 맞혀야 제자로 받아주신대요. 하롱이가 점성술사의 제자가 될 수 있도록 여러분이 도와주세요.

저도 선생님처럼 훌륭한 점성술사가 되고 싶습니다.

그래? 점성술이란 천체 현상을 관찰해서 인간의 운세와 나라의 길흉을 점치는 것이야. 우리 덕분에 천문학이 많이 발전했지. 자, 나의 제자가 되고 싶다면 세 가지 문제를 해결하거라.

아침에 떠올랐다가 저녁이면 사라지는 천체는 무엇이냐?

별과 행성은 뭐가 다르지?

너는 배를 타고 바다에 나갔다가 밤에 길을 잃었다. 서쪽으로 가면 시칠리아 섬이 나오고, 동쪽으로 가면 크레타 섬이 나오지. 하지만 그리스는 북쪽에 있고 너에게는 나침반이 없어. 어떻게 그리스를 찾아오겠느냐?

제우스 신이 아기였을 때 요정 아말테이아가 염소의 모습으로 변해 아기 제우스에게 젖을 먹였대요. 어른이 된 제우스는 요정 아말테이아의 은혜에 보답하기 위해 밤하늘에 염소자리를 만들었다고 해요. 하롱이의 안내에 따라 염소자리를 찾아보세요.

먼저 각 네모 칸 속의 내용에 알맞은 단어를 찾아. 그리고 그 단어의 첫 글자만 별 안에 써 줘. 별의 번호 순서대로 아래 그림에서 별을 찾아 연결해 봐. 그러면 염소자리 모양이 나올 거야.

별의 위치를 정하기 위하여 밝은 별 여러 개를 연결해 신화에 나오는 인물이나 동물의 이름을 붙인 것	식물이 태양빛을 이용하여 영양분을 만드는 과정	태양으로부터 가까운 순서대로 행성을 나열했을 때 네 번째 행성의 이름	스스로 빛을 내지 못하고 태양빛을 반사하여 밝게 보이는 천체	일정한 곳에서 자리를 차지하는 것 또는 그 자리
1 별 자리	2 ☆	3 ☆	4 ☆	5 위 치
우주 공간에 떠 있는 온갖 물체를 통틀어 이르는 말	태양계 중에서 태양을 제외하고 가장 큰 행성	풀을 주로 먹고 사는 동물	어떤 과정이 주기적으로 되풀이하여 도는 과정	겉으로 나타나거나 눈에 보이는 사물의 바깥면
6 ☆	7 ☆	8 ☆	9 ☆	10 ☆

돌 사 빙 반 그 우 코 백 큰
스 육 별 표
태 양
랙 목 초 순 금 수
호 광
복 주 토 천 반 로
자 위 해 행 화
북 칠 지 성 두
홀 외 불 리

스스로 생각하기

하롱이는 새로 나온 챗봇이 궁금했어요. 챗봇에게 질문을 하면 뭐든지 술술 대답해 준대요. 마침 과학 숙제가 있어 챗봇을 이용하기로 했어요. 하롱이의 질문에 챗봇은 어떤 대답을 할까요?

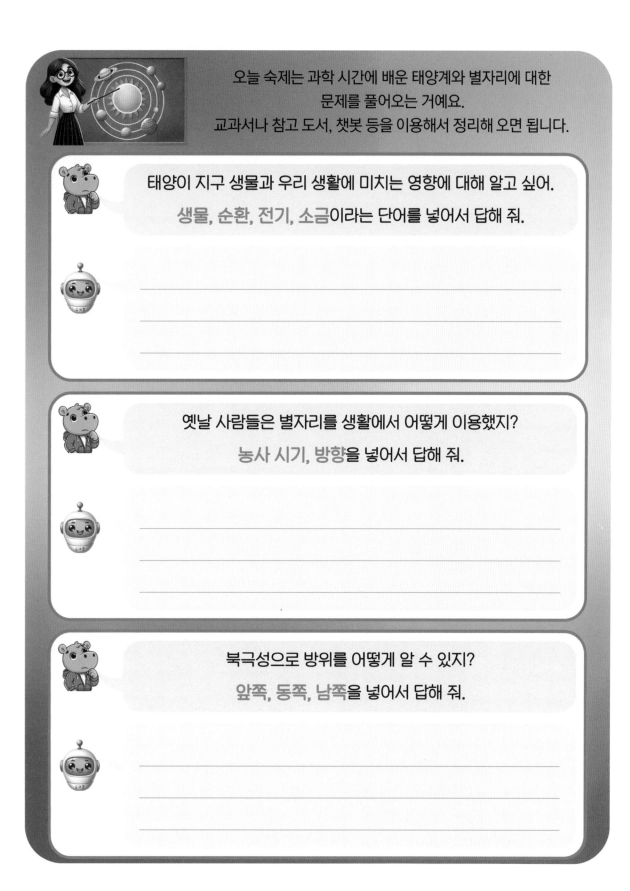

오늘 숙제는 과학 시간에 배운 태양계와 별자리에 대한 문제를 풀어오는 거예요.
교과서나 참고 도서, 챗봇 등을 이용해서 정리해 오면 됩니다.

태양이 지구 생물과 우리 생활에 미치는 영향에 대해 알고 싶어.
생물, 순환, 전기, 소금이라는 단어를 넣어서 답해 줘.

옛날 사람들은 별자리를 생활에서 어떻게 이용했지?
농사 시기, 방향을 넣어서 답해 줘.

북극성으로 방위를 어떻게 알 수 있지?
앞쪽, 동쪽, 남쪽을 넣어서 답해 줘.

4 단원

용해와 용액

01 여러 가지 물질을 물에 넣으면 어떻게 될까요?

02 용질과 물의 온도, 양에 따라 용해되는 양과 용액의 진하기를 비교해 볼까요?

01 여러 가지 물질을 물에 넣으면 어떻게 될까요?

학습 목표

물질이 물에 녹는 현상을 이해할 수 있다.

학습 완료 체크

학습이 끝난 코너는 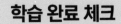 체크해 보세요.

- ☐ 생각 열기
- ☐ 어휘 뜻 짐작하기
- ☐ 어휘력이 쑥쑥
- ☐ 내용이 쏙쏙
- ☐ 그래픽 조직자
- ☐ 말하는 공부
- ☐ 기억 꺼내기

물질이 물에 녹는 현상을
하동이와 함께
신나게 공부해 보자~

소금 나라, 밀가루 나라, 모래 나라에 도둑이 들었어요.
경찰이 도둑들을 잡으러 뒤쫓아 가네요.
과연 도둑들을 모두 잡았을까요?

어느 날 세 도둑은 소금 나라, 밀가루 나라, 모래 나라에 몰래 들어가서 소금, 밀가루, 모래를 훔쳐 달아났어요. 각자 훔친 물건을 자루에 담아 막 강을 건너려는데 경찰들이 이들을 잡으러 바짝 쫓아오는 거예요. 당황한 세 도둑은 허겁지겁 강을 건너다 그만 발을 헛디뎌 물에 빠지고 말았어요. 바로 따라붙은 경찰들은 이들을 잡아다 감옥에 가두었어요. 하지만 세 명의 도둑 중 한 명은 증거가 없어 감옥에 가지 않고 무사히 집에 돌아갈 수 있었어요. 과연 잡히지 않은 도둑은 누구일까요? 그리고 그 이유는 무엇일까요?

잡히지 않은 도둑은 _____ 입니다.

왜냐하면, _____

_____

_____

① 아래 글을 훑어 읽으며 모르는 어휘에 ☐ 표시하세요.

② ☐ 표시한 어휘 가운데 선택하여 앞, 뒤 문장을 다시 읽어 보며 어휘의 뜻을 짐작하여 써 보세요.

여러 가지 물질을 물에 넣으면 어떤 물질은 잘 녹고, 어떤 물질은 잘 녹지 않습니다. 예를 들어 소금을 물에 넣으면 소금이 모두 녹아 소금물이 됩니다. 이때 소금처럼 물에 녹는 물질을 '용질'이라고 합니다. 물처럼 소금을 녹이는 물질을 '용매'라고 합니다. 소금이 물에 녹는 것처럼 어떤 물질이 다른 물질에 녹아 골고루 섞이는 현상을 '용해'라고 합니다. 또한, 소금물처럼 용질인 소금이 용매인 물에 녹아 골고루 섞여 있는 물질을 '용액'이라고 합니다.

용액은 용질과 용매가 골고루 섞이기 때문에 어느 부분이나 색깔, 맛 등의 성질이 똑같습니다. 예를 들어 설탕과 물이 섞여 있는 설탕물은 어느 부분이나 같은 색깔을 띠고, 어느 부분을 마셔도 똑같은 단맛이 납니다. 하지만 미숫가루는 물에 완전히 녹지 않고, 어느 부분을 마시느냐에 따라 맛이 다르므로 용액이라고 할 수 없습니다.

또, 용액은 오래 두어도 위에 뜨거나 가라앉는 것이 없습니다. 거름종이로 걸러도 거름종이에 남는 것이 없습니다. 예를 들어 설탕물은 설탕과 물이 골고루 섞여서 시간이 지나도 가라앉는 것이 없지만, 미숫가루를 탄 물은 처음에는 섞인 것처럼 보여도 시간이 지나면 미숫가루가 바닥에 가라앉기 때문에 용액이 아닙니다.

용액의 무게는 용해되기 전 용질과 용매의 무게를 합한 것과 같습니다. 용질이 용매에 녹으면 눈에 보이지 않게 되는데, 이것은 용질이 사라진 것이 아니라 아주 작은 크기로 용매에 골고루 섞여 있기 때문입니다. 소금을 물에 녹였을 때 녹이기 전 소금과 물의 무게의 합이 녹인 후 소금물의 무게와 같은 것을 보면 알 수 있습니다.

① ☐ 표시한 어휘 중 정확한 뜻을 알고 싶은 어휘를 골라 아래에 쓰세요.

② 어휘 사전에서 어휘의 뜻을 찾아 이해한 뒤, 뜻을 내 말로 정리해 보세요.

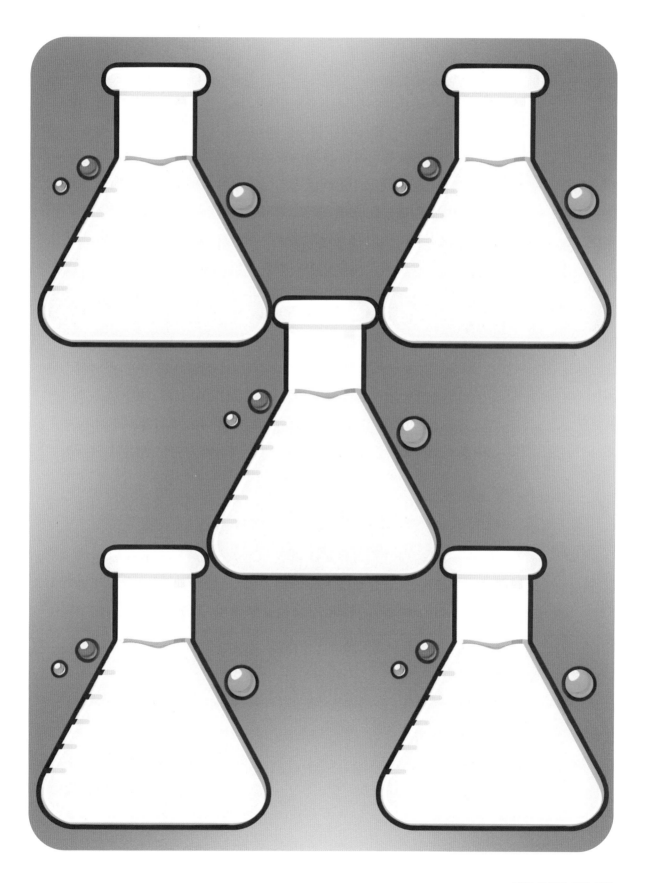

1문단
● 중심어에 ○하기(4개)
● 중심 문장에 ___긋기
  (4개)

2문단
● 중심어에 ○하기
● 중심 문장에 ___긋기

3문단
● 중심어에 ○하기
● 중심 문장에 ___긋기

4문단
● 중심어에 ○하기
● 중심 문장에 ___긋기

1 여러 가지 물질을 물에 넣으면 어떤 물질은 잘 녹고, 어떤 물질은 잘 녹지 않습니다. 예를 들어 소금을 물에 넣으면 소금이 모두 녹아 소금물이 됩니다. 이때 소금처럼 물에 녹는 물질을 '용질'이라고 합니다. 물처럼 소금을 녹이는 물질을 '용매'라고 합니다. 소금이 물에 녹는 것처럼 어떤 물질이 다른 물질에 녹아 골고루 섞이는 현상을 '용해'라고 합니다. 또한, 소금물처럼 용질인 소금이 용매인 물에 녹아 골고루 섞여 있는 물질을 '용액'이라고 합니다.

2 용액은 용질과 용매가 골고루 섞이기 때문에 어느 부분이나 색깔, 맛 등의 성질이 똑같습니다. 예를 들어 설탕과 물이 섞여 있는 설탕물은 어느 부분이나 같은 색깔을 띠고, 어느 부분을 마셔도 똑같은 단맛이 납니다. 하지만 미숫가루는 물에 완전히 녹지 않고, 어느 부분을 마시느냐에 따라 맛이 다르므로 용액이라고 할 수 없습니다.

3 또, 용액은 오래 두어도 위에 뜨거나 가라앉는 것이 없습니다. 거름종이로 걸러도 거름종이에 남는 것이 없습니다. 예를 들어 설탕물은 설탕과 물이 골고루 섞여서 시간이 지나도 가라앉는 것이 없지만, 미숫가루를 탄 물은 처음에는 섞인 것처럼 보여도 시간이 지나면 미숫가루가 바닥에 가라앉기 때문에 용액이 아닙니다.

4 용액의 무게는 용해되기 전 용질과 용매의 무게를 합한 것과 같습니다. 용질이 용매에 녹으면 눈에 보이지 않게 되는데, 이것은 용질이 사라진 것이 아니라 아주 작은 크기로 용매에 골고루 섞여 있기 때문입니다. 소금을 물에 녹였을 때 녹이기 전 소금과 물의 무게의 합이 녹인 후 소금물의 무게와 같은 것을 보면 알 수 있습니다.

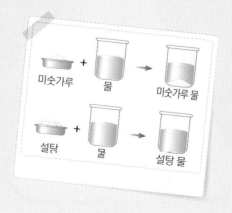

지문의 중심 내용을 요약해 보세요.

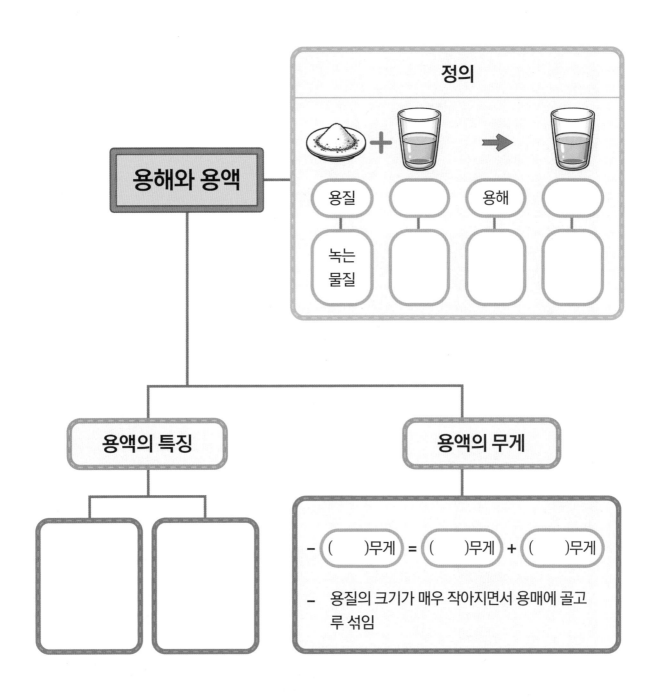

용해와 용액

정의

용질 ( ) 용해 ( )

녹는 물질

용액의 특징

용액의 무게

- ( )무게 = ( )무게 + ( )무게

- 용질의 크기가 매우 작아지면서 용매에 골고루 섞임

배운 내용을 말로 설명하는 과정은 내가 아는 것과 모르는 것을 구분하여 정확하게 이해하고 기억하게 해 주는 최고의 공부법이에요. 앞에 정리한 내용을 떠올리며 번호 순서대로 설명해 보세요.

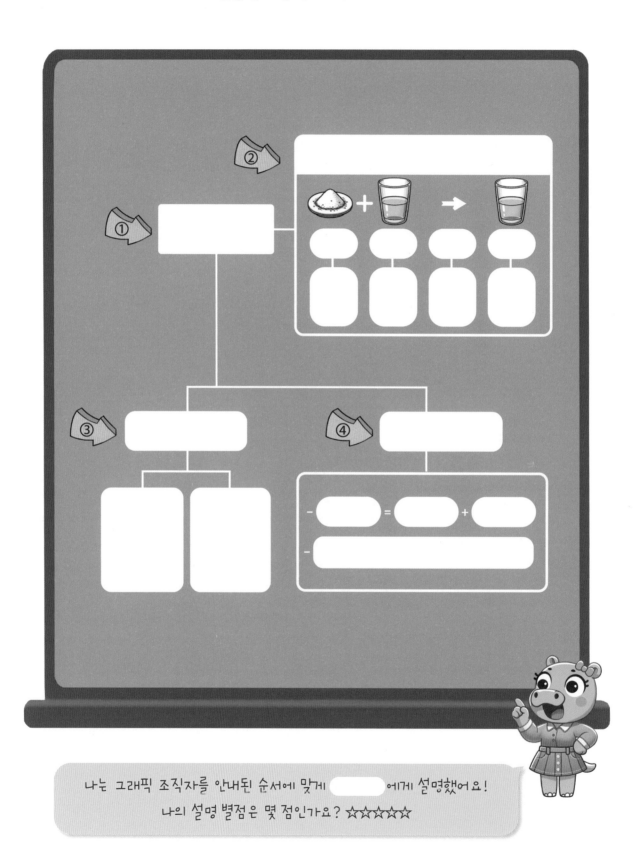

나는 그래픽 조직자를 안내된 순서에 맞게   에게 설명했어요! 나의 설명 별점은 몇 점인가요? ☆☆☆☆☆

하롱이가 비밀의 방에 왔어요. 비밀의 방을 탈출하려면 각 방의 문제를 모두 풀어야 해요. 세 개의 방에 들어가서 주어진 문제를 풀 때마다 두 글자씩 얻을 수 있어요. 하롱이가 탈출할 수 있도록 도와주세요.

1번 방 용액을 찾아라!

문제 여기에 여러 가지 물질이 있어요. 이 중에서 진짜 용액은 딱 2개예요. 용액을 찾은 뒤, 용액에 쓰여 있는 글자를 열쇠가 그려진 네모 칸에 순서대로 써 주세요.

미숫가루　　　　각설탕　　　　사이다　　　　물　　　　식초

2번 방 용액의 특징을 맞혀라!

문제 용액의 특징에 대한 설명이에요. 아래의 설명 중 용액에 대한 올바른 설명을 찾고, 문장 끝에 있는 글자를 열쇠가 그려진 네모 칸에 순서대로 써 주세요.

- 녹는 물질이 녹이는 물질에 골고루 섞여 있는 물질을 용액이라고 합니다. **용**
- 가루 물질이 녹아 있는 물을 오랫동안 가만히 두면 물 위에 뜨거나 가라앉습니다. **액**
- 어떤 가루 물질은 물에 녹고 어떤 물질은 물에 녹지 않습니다. **질**

3번 방 소금을 훔쳐간 범인을 찾아라!

문제 소금 가게에 있던 소금 100g이 사라졌어요. 다음의 힌트를 보고, 소금을 훔쳐간 범인을 찾아 그 이름을 열쇠가 그려진 네모 칸에 써 주세요.

 힌트

- 가게에 들어올 때 범인이 들고 있던 주전자의 무게는 50g이고, 물의 무게는 150g입니다.
- 사라진 소금의 무게는 100g입니다.
- 범인의 몸을 아무리 뒤져도 훔친 소금은 나오지 않았습니다.
- 범인은 세 명 중 한 명입니다.

용매 주전자 무게 200g

용액 주전자 무게 250g

용해 주전자 무게 300g

02 용질과 물의 온도, 양에 따라 용해되는 양과 용액의 진하기를 비교해 볼까요?

학습 목표

· 용질의 종류와 물의 온도, 양에 따라 물에 녹는 양이 달라짐을 이해할 수 있다.
· 용액의 진하기를 상대적으로 비교할 수 있다.

학습 완료 체크

학습이 끝난 코너는 ✔ 체크해 보세요.

☐ 생각 열기

☐ 어휘 뜻 짐작하기

☐ 어휘력이 쑥쑥

☐ 내용이 쏙쏙

☐ 그래픽 조직자

☐ 말하는 공부

☐ 기억 꺼내기

용질과 물의 온도, 양에 따라
물에 녹는 양이 달라지는 것을
하동이와 함께
신나게 공부해 보자~

'우리나라의 바다'에 대한 책을 읽던 하롱이는 갑자기 궁금한 점이 생겼어요. 다음의 대화를 보고 하롱이의 궁금증을 해결해 주세요.

하미야, 우리나라 서해 바닷물과 동해 바닷물의 염도가 다르대.

염도가 뭔데?

염도는 물에 소금이 얼마나 들어 있는지를 말해. 바닷물은 대부분 소금과 다양한 미네랄을 포함하고 있어. 이 미네랄 중에서 가장 많이 포함된 것이 염소, 나트륨이고 이들은 주로 소금 형태로 존재하고 있지. 이러한 다양한 화합물이 물에 용해되어 있어서 바닷물이 짜다는 거야.

그럼, 동해 바닷물과 서해 바닷물에 들어 있는 화합물의 양이 달라서 염도가 다른 게 아닐까?

글쎄, 동해 바닷물이 서해 바닷물보다 염도가 더 높다고 하네. 왜 동해 바닷물의 염도가 더 높은 걸까?

우리나라 지도를 보니 동쪽에는 높은 산들이 쭉 늘어섰고, 서쪽에는 많은 강들이 모두 서해로 흘러 들어가네.

아! 저 지도를 보니 이제 알겠다. 동해의 바닷물이 서해의 바닷물보다 염도가 더 높은 이유는 _____

_____

_____ 때문이야.

① 아래 글을 훑어 읽으며 모르는 어휘에 ☐ 표시하세요.

② ☐ 표시한 어휘 가운데 선택하여 앞, 뒤 문장을 다시 읽어 보며 어휘의 뜻을 짐작하여 써 보세요.

우리는 생활 속에서 여러 가지 물질을 물에 녹여 사용합니다. 물의 온도와 양이 같을 때, 어떤 용질은 물에 완전히 용해되지만, 어떤 용질은 어느 정도만 녹고 더는 용해되지 않고 바닥에 가라앉습니다. 예를 들어, 같은 온도와 양의 물에 같은 양의 설탕과 소금을 넣으면 설탕은 모두 녹지만, 소금은 일부만 녹고 나머지는 바닥에 가라앉는 것을 볼 수 있습니다. 이처럼 용질이 물에 용해되는 양은 용질의 종류에 따라 다릅니다.

또, 용질이 물에 용해되는 양은 물의 온도에 따라서도 달라집니다. 고체 용질의 경우 대부분 물의 온도가 높아질수록 용해되는 용질의 양이 증가합니다. 코코아 가루가 물에 녹지 않고 남아 있을 때, 물의 온도를 높이면 남아 있던 코코아 가루를 더 많이 용해할 수 있습니다.

용질이 물에 용해되는 양은 물의 양에 따라서도 달라집니다. 일반적으로 물의 양이 많을수록 용해되는 용질의 양도 증가합니다. 분말주스 가루가 다 녹지 않고 남아 있을 때, 물을 더 넣으면 남아 있던 분말주스를 모두 용해할 수 있습니다.

용액의 진하기는 같은 양의 용매에 용해된 용질의 많고 적은 정도를 나타냅니다. 용매의 양이 같을 때 용해된 용질의 양이 많을수록 진한 용액이고, 용해된 용질의 양이 적을수록 묽은 용액입니다.

용액의 진하기는 어떻게 비교할 수 있을까요? 용액의 진하기는 색깔이 연하고 진함을 비교하여 쉽게 구별할 수 있습니다. 황색 설탕 용액의 경우 색깔이 진할수록 진한 용액입니다. 색깔로 진하기를 비교할 수 없는 용액은 맛을 보면 알 수 있습니다. 용액이 진할수록 맛은 강해집니다. 설탕 용액의 경우 진할수록 단맛이 강합니다. 또, 용액의 진하기는 용액에 물체를 넣었을 때 물체가 뜨고 가라앉는 정도로 비교할 수 있습니다. 용액에 물체를 넣었을 때 위로 높이 떠오를수록 진한 용액입니다. 실제로 장을 담글 때 소금물에 달걀을 띄워 달걀이 떠오르는 정도로 소금물의 진하기를 확인합니다. 소금물에 달걀을 띄웠을 때 달걀이 동전 모양만큼 떠오르면 소금물의 진하기가 적당한 것입니다.

① ☐ 표시한 어휘 중 정확한 뜻을 알고 싶은 어휘를 골라 아래에 쓰세요.

② 어휘 사전에서 어휘의 뜻을 찾아 이해한 뒤, 뜻을 **내 말로** **정리**해 보세요.

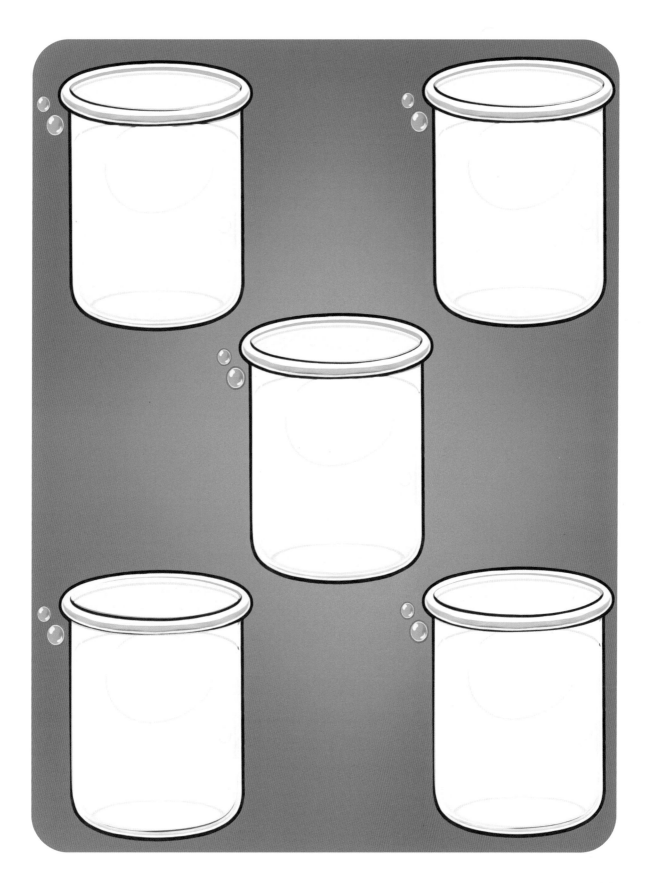

4단원 | 용해와 용액

 글을 읽으며 글쓴이가 중요하다고 강조하는 중심어에는 ○,
중심 문장에는 _____을 그어 보세요.

1문단
○ 중심어에 ○하기
○ 중심 문장에 ___긋기

2문단
○ 중심어에 ○하기
○ 중심 문장에 ___긋기

3문단
○ 중심어에 ○하기
○ 중심 문장에 ___긋기

4문단
○ 중심어에 ○하기
○ 중심 문장에 ___긋기

5문단
○ 제목 붙이기
[   ]

1 우리는 생활 속에서 여러 가지 물질을 물에 녹여 사용합니다. 물의 온도와 양이 같을 때, 어떤 용질은 물에 완전히 용해되지만, 어떤 용질은 어느 정도만 녹고 더는 용해되지 않고 바닥에 가라앉습니다. 예를 들어, 같은 온도와 양의 물에 같은 양의 설탕과 소금을 넣으면 설탕은 모두 녹지만, 소금은 일부만 녹고 나머지는 바닥에 가라앉는 것을 볼 수 있습니다. 이처럼 용질이 물에 용해되는 양은 용질의 종류에 따라 다릅니다.

2 또, 용질이 물에 용해되는 양은 물의 온도에 따라서도 달라집니다. 고체 용질의 경우 대부분 물의 온도가 높아질수록 용해되는 용질의 양이 증가합니다. 코코아 가루가 물에 녹지 않고 남아 있을 때, 물의 온도를 높이면 남아 있던 코코아 가루를 더 많이 용해할 수 있습니다.

3 용질이 물에 용해되는 양은 물의 양에 따라서도 달라집니다. 일반적으로 물의 양이 많을수록 용해되는 용질의 양도 증가합니다. 분말주스 가루가 다 녹지 않고 남아 있을 때, 물을 더 넣으면 남아 있던 분말주스를 모두 용해할 수 있습니다.

4 용액의 진하기는 같은 양의 용매에 용해된 용질의 많고 적은 정도를 나타냅니다. 용매의 양이 같을 때 용해된 용질의 양이 많을수록 진한 용액이고, 용해된 용질의 양이 적을수록 묽은 용액입니다.

5 용액의 진하기는 어떻게 비교할 수 있을까요? 용액의 진하기는 색깔이 연하고 진함을 비교하여 쉽게 구별할 수 있습니다. 황색 설탕 용액의 경우 색깔이 진할수록 진한 용액입니다. 색깔로 진하기를 비교할 수 없는 용액은 맛을 보면 알 수 있습니다. 용액이 진할수록 맛은 강해집니다. 설탕 용액의 경우 진할수록 단맛이 강합니다. 또, 용액의 진하기는 용액에 물체를 넣었을 때 물체가 뜨고 가라앉는 정도로 비교할 수 있습니다. 용액에 물체를 넣었을 때 위로 높이 떠오를수록 진한 용액입니다. 실제로 장을 담글 때 소금물에 달걀을 띄워 달걀이 떠오르는 정도로 소금물의 진하기를 확인합니다. 소금물에 달걀을 띄웠을 때 달걀이 동전 모양만큼 떠오르면 소금물의 진하기가 적당한 것입니다.

지문의 중심 내용을 요약해 보세요.

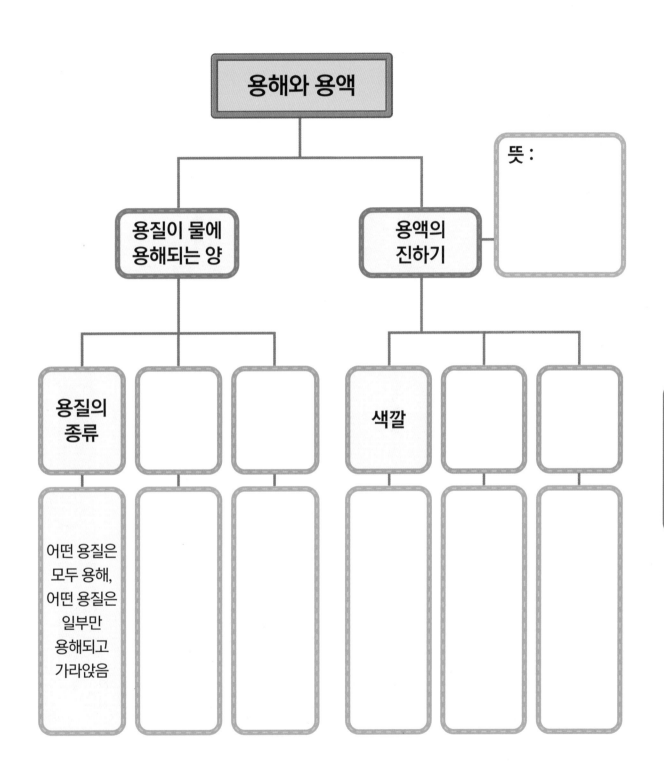

용해와 용액

뜻 :

용질이 물에 용해되는 양

용액의 진하기

용질의 종류

색깔

어떤 용질은 모두 용해, 어떤 용질은 일부만 용해되고 가라앉음

배운 내용을 말로 설명하는 과정은 내가 아는 것과 모르는 것을 구분하여 정확하게 이해하고 기억하게 해 주는 최고의 공부법이에요. 앞에 정리한 내용을 떠올리며 번호 순서대로 설명해 보세요.

나는 그래픽 조직자를 안내된 순서에 맞게 [   ]에게 설명했어요!
나의 설명 별점은 몇 점인가요? ☆☆☆☆☆

녹이기 나라의 왕자님이 병에 걸렸어요. 이웃 나라 마법사에게 왕자님의 병을 치료할 마법의 약이 있다고 해요. 하지만 고약한 마법사는 자신이 내는 세 개의 문제를 맞혀야 약을 주겠다고 하네요. 하롱이가 마법사의 약을 받아와 왕자님의 병을 고칠 수 있도록 도와주세요.

문제 1

물질을 많이 녹이는 방법을 찾아야 해. 다음 중 무엇과 무엇을 선택해야 가장 많이 녹일 수 있는지 빈칸에 알맞은 물질의 이름과 컵의 번호를 써 봐.

무엇과 무엇을 선택해야 가장 많이 녹일 수 있을까?

소금   설탕

①   ②

　　　　을　　　　　번 컵에 녹일 때 가장 많이 녹일 수 있어요.

문제 2

설탕물의 진하기를 다르게 해서 색색의 설탕물 탑을 만들려고 해. 탑 색깔을 보고, 각 설탕물에 섞여 있는 물감의 색을 써 봐.

진한 용액일수록 아래로 가라앉으니까...

설탕 20숟가락을 녹인 물	색
설탕 10숟가락을 녹인 물	색
설탕 3숟가락을 녹인 물	색

문제 3

이 많은 설탕을 물에 모두 녹여야 해. 하지만 더 이상 녹지 않고 있어. 설탕이 더는 녹지 않을 때 어떻게 해야 할지 나에게 두 가지 방법으로 설명해 봐.

어떻게 하면 가라앉은 설탕을 모두 녹일 수 있을까?

첫 번째 방법은 ＿＿＿＿＿＿＿＿＿＿＿＿＿＿＿＿입니다.

왜냐하면 ＿＿＿＿＿＿＿＿＿＿＿＿＿＿＿＿＿＿

＿＿＿＿＿＿＿＿＿＿＿＿＿＿＿＿＿＿ 때문입니다.

두 번째 방법은 ＿＿＿＿＿＿＿＿＿＿＿＿＿＿＿입니다.

왜냐하면 ＿＿＿＿＿＿＿＿＿＿＿＿＿＿＿＿＿＿

＿＿＿＿＿＿＿＿＿＿＿＿＿＿＿＿＿＿ 때문입니다.

어휘 놀이터

하롱이가 좋아하는 음료수를 사려고 마트에 왔어요.
각 음료수에 적혀 있는 질문에 알맞은 단어를 적고,
답을 맞힌 음료수 가격의 총합계를 구해 빈칸에 써 주세요.

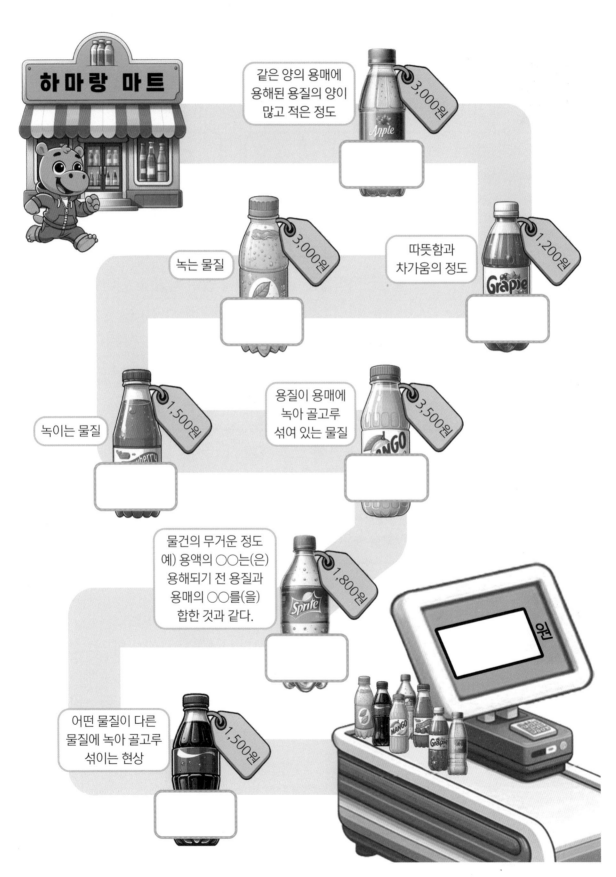

하마랑 마트

같은 양의 용매에 용해된 용질의 양이 많고 적은 정도

3,000원

녹는 물질

3,000원

따뜻함과 차가움의 정도

1,200원

녹이는 물질

1,500원

용질이 용매에 녹아 골고루 섞여 있는 물질

3,500원

물건의 무거운 정도
예) 용액의 ○○는(은) 용해되기 전 용질과 용매의 ○○를(을) 합한 것과 같다.

1,800원

어떤 물질이 다른 물질에 녹아 골고루 섞이는 현상

1,500원

원

스스로 생각하기

오늘 하루를 돌아보는 일기를 쓰려고 해요. 일기의 주제는 '용액과 함께한 하루'예요. 생활용품과 먹었던 음식 중 용액인 것을 떠올려 시간 순서대로 자유롭게 써 보세요.

1 용매, 용질, 용액, 용해, 진하기라는 단어 중 4개 이상을 넣어서 일기를 써 줘.
2 ☁는 예시야. 이 예시 중에는 용액이 아닌 것도 있으니 잘 골라 써야 해.
3 ☁ 예시 외에 다른 용액들을 써 줘도 좋아.

된장찌개 · 소독약 · 식초 · 물 · 생과일주스 · 생과일주스 · 소금 · 이온음료 · 아이스티 · 손소독제 · 사이다 · 오렌지주스 · 미숫가루 · 레몬주스

[답안 예시] 학교에서 돌아와 손세정제 용액으로 손을 씻었다. 목이 말라 아이스티 가루 용질을 물 용매에 용해시킨 후 얼음을 넣어 시원한 아이스티 용액을 마셨다. 그런데 너무 연해서 아이스티 가루 용질을 더 넣어 진하게 마셨다.

_____

_____

_____

_____

5 단원

다양한 생물과 우리 생활

01 우리 주변에 사는 다양한 생물에는 무엇이 있을까요?

02 다양한 생물은 우리 생활에 어떤 영향을 미칠까요?

01 우리 주변에 사는 다양한 생물에는 무엇이 있을까요?

학습 목표

다양한 생물의 종류와 특징을 알고 이해할 수 있다.

학습 완료 체크

학습이 끝난 코너는 ✓ 체크해 보세요.

- ☐ 생각 열기
- ☐ 어휘 뜻 짐작하기
- ☐ 어휘력이 쑥쑥
- ☐ 내용이 쏙쏙
- ☐ 그래픽 조직자
- ☐ 말하는 공부
- ☐ 기억 꺼내기

다양한 생물이
궁금한 친구들 모여라~
하롱이와 함께
신나게 공부해 보자~

생물학교 5학년 1반은 동물 모둠, 식물 모둠, 동물도 식물도
아닌 모둠 이렇게 3개의 모둠으로 구성되어 있어요.
오늘 6명의 전학생이 와서 각 모둠에 2명씩 배정할 거예요.
알맞은 모둠을 찾아 빈자리에 이름을 적어 주세요.

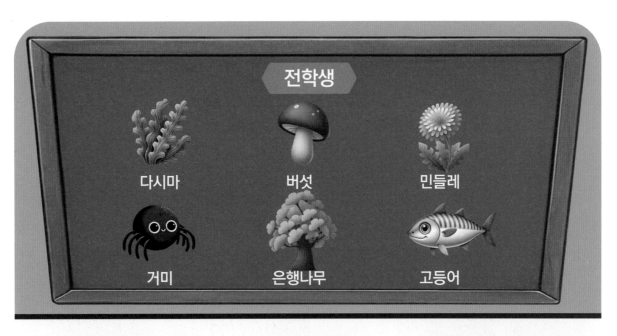

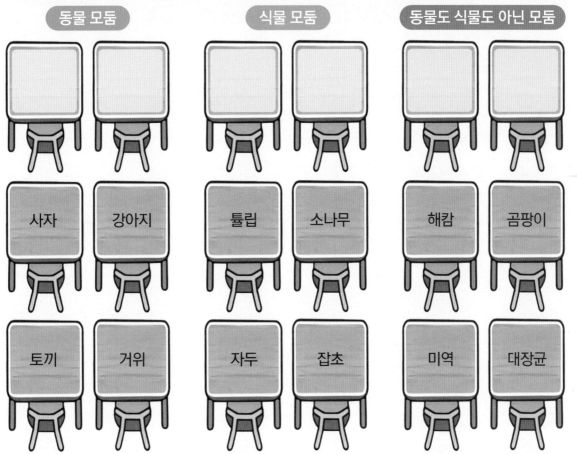

우리 주변에는 다양한 생물이 살고 있습니다. 고양이나 거미 같은 동물도 있고 나무나 꽃 같은 식물도 있습니다. 하지만 동물이나 식물로 분류하기 어려운 생물도 있습니다. 동물도 식물도 아닌 생물에는 균류, 원생생물, 세균 등이 있습니다.

곰팡이나 버섯 등과 같은 생물을 균류라고 합니다. ❶ 균류는 축축하고 따뜻한 환경을 좋아하기 때문에 숲속 그늘이나 햇빛이 잘 들지 않는 집 안에서 흔히 볼 수 있습니다. ❷ 균류는 숲속의 낙엽이나 죽은 나무, 또는 동물의 배설물을 분해하며 양분을 얻습니다. ❸ 곰팡이와 버섯은 서로 다른 생물처럼 보이지만, 실체 현미경으로 들여다보면 둘 다 가늘고 긴 균사와 작고 둥근 포자로 이루어져 있습니다. 포자는 식물의 씨앗과 같은 역할을 하는데, 바람을 타고 멀리 퍼져 나가 새로운 균류로 번식합니다.

해캄, 다시마, 짚신벌레 등과 같은 단세포 생물을 원생생물이라고 합니다. ❶ 원생생물은 주로 연못이나 고인 물, 물살이 느린 하천에서 삽니다. ❷ 원생생물 중에는 해캄처럼 광합성을 하여 스스로 양분을 만들고 많은 양의 산소를 만들어 내는 종류도 있습니다. ❸ 원생생물은 해캄, 다시마, 미역처럼 맨눈으로 쉽게 관찰할 수 있는 것도 있지만, 짚신벌레, 유글레나처럼 생물 현미경을 이용하여 관찰할 수 있는 것도 있습니다. 원생생물의 생김새는 단순하지만, 모양은 다양합니다. 짚신벌레는 둥글고 길쭉한 모양에 잔털이 나 있어서 물속을 빠르게 헤엄쳐 다닙니다. 해캄은 마치 머리카락처럼 생겼는데, 세포 속에 엽록체가 들어 있어 광합성을 하므로 초록색을 띱니다.

젖산균, 대장균, 콜레라균 등과 같은 단세포 생물을 세균이라고 합니다. ❶ 세균은 공기, 흙, 물은 물론이고 동식물의 몸속, 심지어 우리가 사용하는 물건에도 살고 있습니다. ❷ 세균은 지구에서 가장 오래전부터 살아온 생물로, 따뜻하고 영양분이 풍부한 곳에서는 짧은 시간 안에 엄청나게 많이 늘어납니다. ❸ 세균은 생물체 가운데 가장 작아 특수 현미경으로 관찰해야 합니다. 생김새에 따라 공 모양, 막대 모양, 나선 모양 등으로 구분하며 꼬리가 있는 세균도 있습니다.

❶ ☐ 표시한 어휘 중 정확한 뜻을 알고 싶은 어휘를 골라 아래에 쓰세요.

❷ 어휘 사전에서 어휘의 뜻을 찾아 이해한 뒤, 뜻을 **내 말로** **정리**해 보세요.

글을 읽으며 글쓴이가 중요하다고 강조하는 중심어에는 ◯, 중심 문장에는 _____을 그어 보세요.

1문단
● 중심어에 ◯하기
● 중심 문장에 ___ 긋기

2문단
● 중심어에 ◯하기
● 중심 문장에 ___ 긋기
● 제목 붙이기
❶ [   ]
❷ [   ]
❸ [균류의 구조]

3문단
● 중심어에 ◯하기
● 중심 문장에 ___ 긋기
● 제목 붙이기
❶ [   ]
❷ [원생생물의 양분 얻는 법]
❸ [   ]

4문단
● 중심어에 ◯하기
● 중심 문장에 ___ 긋기
● 제목 붙이기
❶ [   ]
❷ [세균의 번식]
❸ [   ]

1 우리 주변에는 다양한 생물이 살고 있습니다. 고양이나 거미 같은 동물도 있고 나무나 꽃 같은 식물도 있습니다. 하지만 동물이나 식물로 분류하기 어려운 생물도 있습니다. 동물도 식물도 아닌 생물에는 균류, 원생생물, 세균 등이 있습니다.

2 곰팡이나 버섯 등과 같은 생물을 균류라고 합니다. ❶ 균류는 축축하고 따뜻한 환경을 좋아하기 때문에 숲속 그늘이나 햇빛이 잘 들지 않는 집 안에서 흔히 볼 수 있습니다. ❷ 균류는 숲속의 낙엽이나 죽은 나무, 또는 동물의 배설물을 분해하며 양분을 얻습니다. ❸ 곰팡이와 버섯은 서로 다른 생물처럼 보이지만, 실체 현미경으로 들여다보면 둘 다 가늘고 긴 균사와 작고 둥근 포자로 이루어져 있습니다. 포자는 식물의 씨앗과 같은 역할을 하는데, 바람을 타고 멀리 퍼져 나가 새로운 균류로 번식합니다.

3 해캄, 다시마, 짚신벌레 등과 같은 단세포 생물을 원생생물이라고 합니다. ❶ 원생생물은 주로 연못이나 고인 물, 물살이 느린 하천에서 삽니다. ❷ 원생생물 중에는 해캄처럼 광합성을 하여 스스로 양분을 만들고 많은 양의 산소를 만들어 내는 종류도 있습니다. ❸ 원생생물은 해캄, 다시마, 미역처럼 맨눈으로 쉽게 관찰할 수 있는 것도 있지만, 짚신벌레, 유글레나처럼 생물 현미경을 이용하여 관찰할 수 있는 것도 있습니다. 원생생물의 생김새는 단순하지만, 모양은 다양합니다. 짚신벌레는 둥글고 길쭉한 모양에 잔털이 나 있어서 물속을 빠르게 헤엄쳐 다닙니다. 해캄은 마치 머리카락처럼 생겼는데, 세포 속에 엽록체가 들어 있어 광합성을 하므로 초록색을 띕니다.

4 젖산균, 대장균, 콜레라균 등과 같은 단세포 생물을 세균이라고 합니다. ❶ 세균은 공기, 흙, 물은 물론이고 동식물의 몸속, 심지어 우리가 사용하는 물건에도 살고 있습니다. ❷ 세균은 지구에서 가장 오래전부터 살아온 생물로, 따뜻하고 영양분이 풍부한 곳에서는 짧은 시간 안에 엄청나게 많이 늘어납니다. ❸ 세균은 생물체 가운데 가장 작아 특수 현미경으로 관찰해야 합니다. 생김새에 따라 공 모양, 막대 모양, 나선 모양 등으로 구분하며 꼬리가 있는 세균도 있습니다.

지문의 중심 내용을 요약해 보세요.

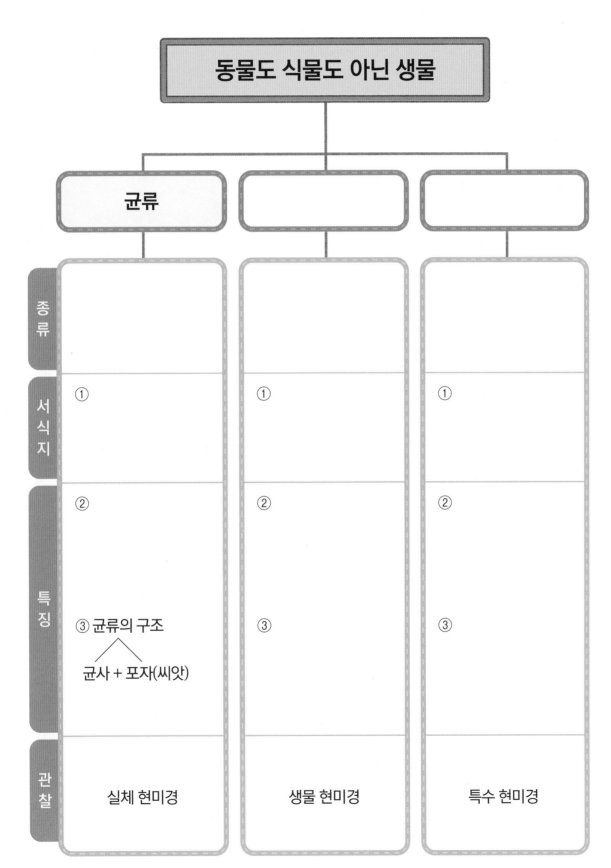

동물도 식물도 아닌 생물

균류

종류		
①	①	①
②	②	②
③ 균류의 구조 균사 + 포자(씨앗)	③	③
실체 현미경	생물 현미경	특수 현미경

(서식지 / 특징 / 관찰)

말하는 공부

배운 내용을 말로 설명하는 과정은 내가 아는 것과 모르는 것을 구분하여 정확하게 이해하고 기억하게 해 주는 최고의 공부법이에요. 앞에 정리한 내용을 떠올리며 번호 순서대로 설명해 보세요.

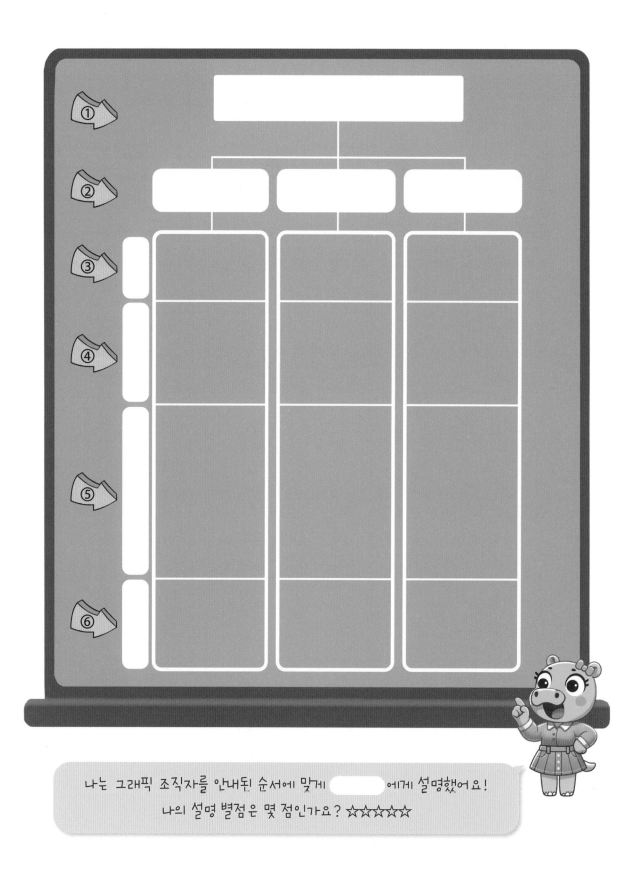

나는 그래픽 조직자를 안내된 순서에 맞게   에게 설명했어요!

나의 설명 별점은 몇 점인가요? ☆☆☆☆☆

미생물들이 숲속 놀이터에서 정신없이 놀다가 집으로 가는 길을 잃어버렸대요. 그래서 팡이(곰팡이), 카미(해캄), 규니(콜레라균)의 집을 찾아 주려고 해요. 다음 질문에 하나씩 답하면서 집을 찾아 주세요.

출발하기 전에 팡이한테는 동그라미, 카미한테는 세모, 규니한테는 네모 표시해 줄래? 그리고 질문에 답을 따라가며 선을 그으면 돼. 그러다 집을 찾으면 팡이 집에는 동그라미, 카미 집에는 세모, 규니 집에는 네모 표시해 줘.
자, 그럼 팡이, 카미, 규니 순으로 한 명씩 출발!

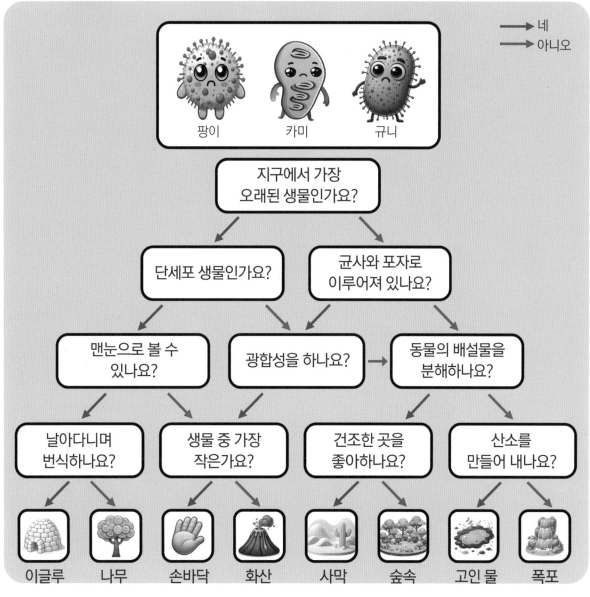

02 다양한 생물은 우리 생활에 어떤 영향을 미칠까요?

학습 목표

다양한 생물의 이로운 점과 해로운 점을 알고,
첨단 생명과학에 어떻게 활용되는지 이해할 수 있다.

학습 완료 체크

학습이 끝난 코너는 ✔ 체크해 보세요.

- ☐ 생각 열기
- ☐ 어휘 뜻 짐작하기
- ☐ 어휘력이 쑥쑥
- ☐ 내용이 쏙쏙
- ☐ 그래픽 조직자
- ☐ 말하는 공부
- ☐ 기억 꺼내기

다양한 생물의
이로운 점과 해로운 점에 대해
하롱이와 함께
신나게 공부해 보자~

생각 열기

균류와 세균 친구들이 코딩 대회에 참여했어요. 이번 경기의 규칙은 '발효식품만 따라 이동하기'입니다. 4명의 친구들이 내린 코딩 명령어를 따라가며 우승한 친구를 찾아보세요. 이동 경로는 각각 다른 색으로 표시해 주세요.

우승자를 찾는 방법
1. 코딩 명령어에 적힌 화살표대로 따라가며 선을 긋는다.
2. 발효식품이 아닌 칸을 지나가면 실격!

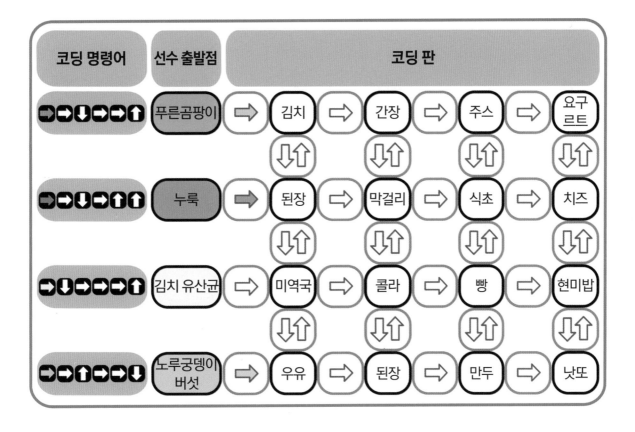

코딩 명령어	선수 출발점	코딩 판			
→→↓→→↑	푸른곰팡이	김치	간장	주스	요구르트
→→↓→↑↑	누룩	된장	막걸리	식초	치즈
→↓→→↑	김치 유산균	미역국	콜라	빵	현미밥
→→↑↓→↓	노루궁뎅이 버섯	우유	된장	만두	낫또

발효식품은 미생물의 도움을 받아 원재료가 변형되어 만들어진 음식이야. 미생물이 음식 안에서 작용하면 맛과 향이 좋아지고 영양도 풍부해지지.

우승자

균류, 세균, 원생생물은 우리 생활에 많은 영향을 미칩니다. 먼저 이로운 영향을 살펴봅시다. 균류와 세균은 죽은 생물이나 배설물을 분해하여 지구의 환경을 유지시켜 줍니다. 또한, 우리 식탁에서 빼놓을 수 없는 된장, 김치, 요구르트, 치즈와 같은 발효식품들도 균류와 세균의 활동으로 만들어집니다. 균류인 영지버섯은 약이나 건강 식품으로 쓰이고, 유산균은 우리 몸에 해로운 세균으로부터 건강을 지켜 줍니다. 또한, 원생생물은 광합성을 해서 산소를 만들어 냅니다. 그래서 물속과 공기 중의 산소량을 증가시키고 다른 생물들의 호흡을 도와줍니다. 또, 물속에서 다른 생물의 먹이가 되기도 합니다. 해조류나 클로렐라 같은 원생생물은 영양분이 많아서 미래 식량 자원으로 주목받고 있습니다.

그러나 다양한 생물은 우리 생활에 해로운 영향을 주기도 합니다. 곰팡이나 세균은 음식이나 가구를 상하게 하고, 생물의 피부나 몸 속에 침투하여 여러 질병을 일으킵니다. 또, 독성이 있는 독버섯을 먹으면 생명이 위험할 수도 있습니다. 원생생물은 번식하기 좋은 환경을 만나면 급격하게 증식하는데 이때 강이나 바다의 적조현상을 일으켜 물을 오염시킵니다.

우리는 첨단 생명과학 기술을 활용하여 위와 같은 문제를 해결하고 있습니다. 첨단 생명과학 기술이란 최신의 과학 기술로 생물의 특성을 연구해 우리 생활의 문제를 해결하는 것입니다. 예를 들어 균류와 세균은 다른 생물의 성장을 억제하면서 빠르게 증식하는 특성이 있습니다. 이 특성을 이용하여 세균 감염을 치료하는 항생제를 짧은 시간에 대량으로 생산할 수 있습니다. 균류나 세균 중에는 나무에 발생하는 질병이나 해충을 막는 것도 있습니다. 이것을 이용해서 생물농약을 만들기도 합니다. 또, 기름이나 오염된 물질을 분해하는 세균을 이용해서 하수처리장의 물을 정화합니다. 원생생물에서 추출한 기름이나 당 성분으로 친환경 연료인 생물 연료를 만들고, 해캄처럼 광합성을 하는 원생생물을 이용해서 자동차 연료를 생산합니다.

어휘력이 쑥쑥

❶ ☐ 표시한 어휘 중 정확한 뜻을 알고 싶은 어휘를 골라 아래에 쓰세요.

❷ 어휘 사전에서 어휘의 뜻을 찾아 이해한 뒤, 뜻을 **내 말로** **정리**해 보세요.

내용이 쏙쏙

글을 읽으며 글쓴이가 중요하다고 강조하는 중심어에는 ○,
중심 문장에는 _____을 그어 보세요.

1문단
● 중심어에 ○하기
● 중심 문장에 ____긋기

2문단
● 중심어에 ○하기
● 중심 문장에 ____긋기

3문단
● 중심어에 ○하기
● 중심 문장에 ____긋기

1 균류, 세균, 원생생물은 우리 생활에 많은 영향을 미칩니다. 먼저 이로운 영향을 살펴봅시다. 균류와 세균은 죽은 생물이나 배설물을 분해하여 지구의 환경을 유지시켜 줍니다. 또한, 우리 식탁에서 **빼놓을** 수 없는 된장, 김치, 요구르트, 치즈와 같은 발효식품들도 균류와 세균의 활동으로 만들어집니다. 균류인 영지버섯은 약이나 건강식품으로 쓰이고, 유산균은 우리 몸에 해로운 세균으로부터 건강을 지켜 줍니다. 또한, 원생생물은 광합성을 해서 산소를 만들어 냅니다. 그래서 물속과 공기 중의 산소량을 증가시키고 다른 생물들의 호흡을 도와줍니다. 또, 물속에서 다른 생물의 먹이가 되기도 합니다. 해조류나 클로렐라 같은 원생생물은 영양분이 많아서 미래 식량 자원으로 주목받고 있습니다.

2 그러나 다양한 생물은 우리 생활에 해로운 영향을 주기도 합니다. 곰팡이나 세균은 음식이나 가구를 상하게 하고, 생물의 피부나 몸속에 침투하여 여러 질병을 일으킵니다. 또, 독성이 있는 독버섯을 먹으면 생명이 위험할 수도 있습니다. 원생생물은 번식하기 좋은 환경을 만나면 급격하게 증식하는데 이때 강이나 바다의 적조현상을 일으켜 물을 오염시킵니다.

3 우리는 첨단 생명과학 기술을 활용하여 위와 같은 문제를 해결하고 있습니다. 첨단 생명과학 기술이란 최신의 과학 기술로 생물의 특성을 연구해 우리 생활의 문제를 해결하는 것입니다. 예를 들어 균류와 세균은 다른 생물의 성장을 억제하면서 **빠르게** 증식하는 특성이 있습니다. 이 특성을 이용하여 세균 감염을 치료하는 항생제를 짧은 시간에 대량으로 생산할 수 있습니다. 균류나 세균 중에는 나무에 발생하는 질병이나 해충을 막는 것도 있습니다. 이것을 이용해서 생물농약을 만들기도 합니다. 또, 기름이나 오염된 물질을 분해하는 세균을 이용해서 하수처리장의 물을 정화합니다. 원생생물에서 추출한 기름이나 당 성분으로 친환경 연료인 생물 연료를 만들고, 해캄처럼 광합성을 하는 원생생물을 이용해서 자동차 연료를 생산합니다.

그래픽 조직자

지문의 중심 내용을 요약해 보세요.

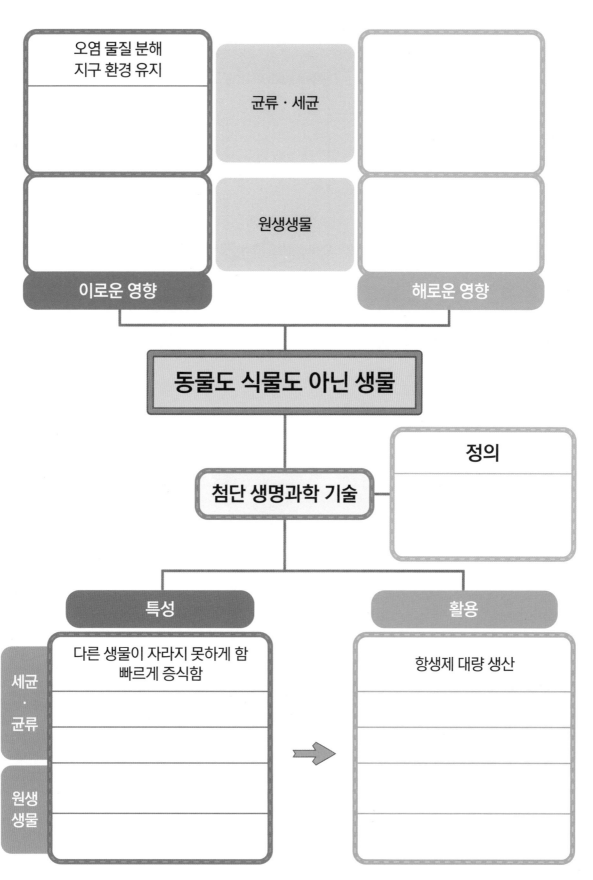

	균류 · 세균	
오염 물질 분해 지구 환경 유지		
	원생생물	
이로운 영향		**해로운 영향**

동물도 식물도 아닌 생물

첨단 생명과학 기술 — 정의

	특성	**활용**
세균 · 균류	다른 생물이 자라지 못하게 함 빠르게 증식함	항생제 대량 생산
원생 생물		

말하는 공부

배운 내용을 말로 설명하는 과정은 내가 아는 것과 모르는 것을 구분하여 정확하게 이해하고 기억하게 해 주는 최고의 공부법이에요. 앞에 정리한 내용을 떠올리며 번호 순서대로 설명해 보세요.

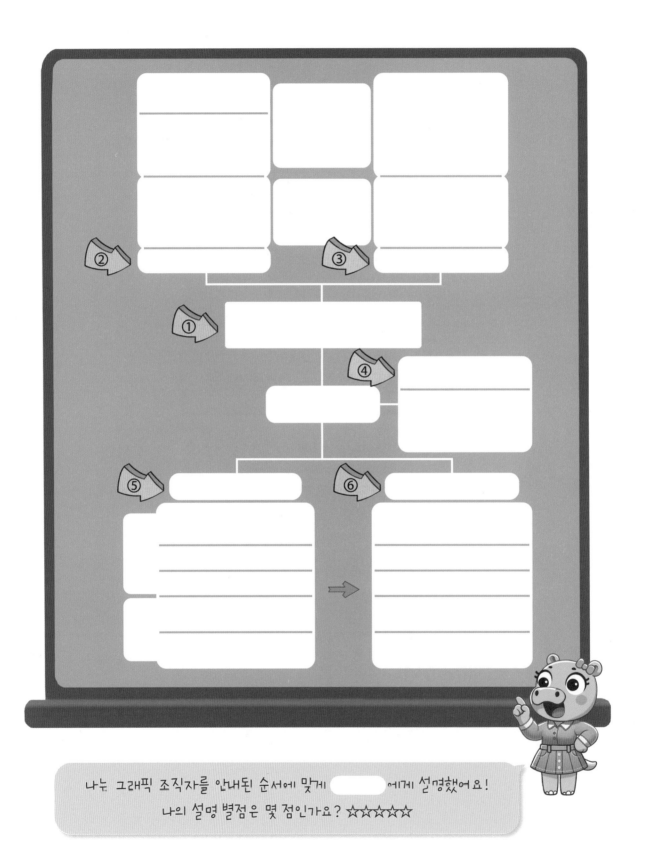

나는 그래픽 조직자를 안내된 순서에 맞게 [   ]에게 설명했어요! 나의 설명 별점은 몇 점인가요? ☆☆☆☆☆

기억 꺼내기

청정 도시였던 '클리어워터'가 악당 몬스터의 공격을 받았대요. 미생물학자 하롱이가 균류, 원생생물, 세균 부대를 조직해 클리어워터를 구하려고 합니다. 어떤 부대를 출동시키면 좋을지 고민하는 하롱이를 도와주세요.

위급 상황 1 악당 몬스터가 강물에 오염 물질을 뿌려 놓아 강물이 붉은색으로 변했어. 어떤 부대를 출동시키면 될까? 이유도 알려 줄래? 세균 부대를 출동시키자. 왜냐하면 세균은 빠르게 증식해서 기름이나 오염된 물질을 분해하는 특성이 있잖아. 그래서 하수처리장의 물도 깨끗하게 해 주지. 자, 빨리 세균 부대를 출동시키자!

위급 상황 2 악당 몬스터가 공기를 오염시켜 산소가 부족해 숨을 쉴 수가 없어. 어떤 부대를 출동시키면 될까? 이유도 알려 줄래?

위급 상황 3 몬스터 일당이 땅에 음식물 쓰레기를 가득 뿌려 놓았어. 어떤 부대를 출동시키면 될까? 이유도 알려 줄래?

여기는 미생물 체험 공원입니다. 친구들의 대화를 잘 읽고 말풍선 속 네모 안에 들어갈 알맞은 말을 써넣으세요. 그리고 그 말을 퍼즐에서 지운 후 남은 글자를 적어 보세요.

미생물 체험 공원

영양소가 풍부한 건강식품 클로렐라입니다. 드셔보세요!

몸에 좋고 맛도 좋은 된장 팝니다!

이건 균류나 세균으로 만든 생물 ❸ □□이야. 균류나 세균에는 해충한테만 질병을 일으키는 특성이 있거든.

형아~ 나무에 뭐 뿌려?

나는 ❶ □□□□에 속해!

나는야, 몸에 좋은 ❷ □□식품! 곰팡이를 사용해 만들었어.

너희들 현미경으로 균류 관찰하는구나?

곰팡이를 보니까 가늘고 긴 실이랑 작고 둥근 알갱이가 보여.

가늘고 긴 건 ❹ □□□이고, 작고 둥근 건 ❺ □□야.

균류나 세균으로 만든 ❺ □□□ 주사를 맞아야 병이 낫죠.

싫어요~ 싫어~

짚신벌레는 고인 물을 좋아한다고 했는데...

돋보기로는 날 찾을 수 없을걸. 난 생물 ❾ □□□으로 봐야 되거든.

다 놀았으면 손 씻으러 가자. ❼ □□은 어느 곳에나 살 수 있어서 흙장난 후엔 꼭 손을 씻어야 해.

내 손에 ❼ □□이 있다고요? 안 보이는데요?

어? 해캄이다! 해캄은 왜 초록색이지?

그건 ❽ □□□을 하기 때문이지.

미	생	물	발	효	아
균	사	농	약	세	균
광	합	성	항	생	제
원	생	생	물	포	자
고	마	워	현	미	경

남은 글자

◯ ◯ ◯ ◯

◯ ◯ ◯

스스로 생각하기

하롱이가 하루 동안 엄마와 나눈 대화를 보면 미생물이 우리 삶과 얼마나 밀접한 관계가 있는지 알 수 있답니다. 여러분이 하롱이의 엄마가 되어 조건에 맞게 물음에 답해 주세요.

오전 9시

엄마, 택배 왔어요.

응, 인터넷에서 팡이제로 시켰어. 베란다에 곰팡이가 피었더라고.

어? 베란다에 곰팡이 지난 겨울에 없어진 거 아니었어요?

곰팡이는 원래 ＿＿＿＿＿＿

조건 곰팡이가 좋아하는 환경, 여름이 되면 다시 생기는 이유를 설명해 줘.

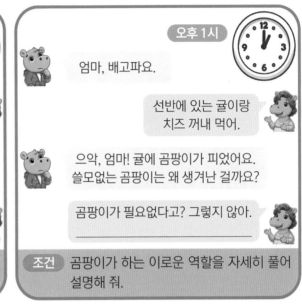

오후 1시

엄마, 배고파요.

선반에 있는 귤이랑 치즈 꺼내 먹어.

으악, 엄마! 귤에 곰팡이가 피었어요. 쓸모없는 곰팡이는 왜 생겨난 걸까요?

곰팡이가 필요없다고? 그렇지 않아. ＿＿＿＿＿＿＿＿＿＿

조건 곰팡이가 하는 이로운 역할을 자세히 풀어 설명해 줘.

저녁 7시

엄마, 뉴스에 나온 바닷물 색이 이상해요.

어디 보자, 무슨 색인데? 아~ 적조현상이 생겼구나!

적조현상이 뭐예요?

바다에는 원생생물이 사는데 ＿＿＿＿＿＿＿＿＿＿

조건 원생생물의 이로운 점, 해로운 점을 함께 설명해 줘.

밤 12시

엄마, 배가 아파서 잠을 잘 수가 없어요. 속이 울렁거리고 설사도 계속 해요.

어머나, 열이 많이 나네. 장염인가 보다.

그런가 봐요. 왜 장염에 걸렸을까요?

장염은 ＿＿＿＿＿＿＿＿＿

조건 세균의 특징을 적고 예방법도 적어 줘.

두 가지 상황만 골라 답을 작성해 보세요.

1 (　　)시 상황 : ＿＿＿＿＿＿＿＿＿＿＿＿＿＿＿＿

＿＿＿＿＿＿＿＿＿＿＿＿＿＿＿＿＿＿＿＿＿＿＿＿＿

2 (　　)시 상황 : ＿＿＿＿＿＿＿＿＿＿＿＿＿＿＿＿

＿＿＿＿＿＿＿＿＿＿＿＿＿＿＿＿＿＿＿＿＿＿＿＿＿

어휘 사전

2단원

01 온도는 어떻게 측정할 수 있을까요?

물질
물체를 만드는 본래 재료 유 물체, 성분, 실체
소금은 물에 잘 녹는 물질이다.

물체
구체적인 형태를 가지고 공간을 차지하는 것 유 물건, 물질, 사물
의자 위에 낯선 물체가 놓여 있다.

섭씨도
온도를 나타내는 단위
섭씨 35도를 넘는 무더위가 찾아왔다.

어림하다
대강 짐작으로 헤아리는 것 유 가늠하다, 대중하다
어림하여 계산해 봐도 식비가 많이 나왔다.

측정하다
일정한 양을 기준으로 하여 길이, 면적, 무게, 크기 등을 재다 유 관측하다, 측량하다
기상청에서는 온도와 강수량을 측정한다.

체온
동물의 신체 내부의 온도
머리에 열이 나는 것 같아서 체온을 재 보았다.

기상청
우리나라의 기상 상태를 관측하고 예보하는 기관
기상청은 전국에 폭염 주의보를 내렸다.

기온
대기의 온도
봄철에는 기온의 변화가 심하다.

예보	앞으로 일어날 일을 미리 알려 주는 것 ㈜ 예고
	태풍이 온다는 기상 예보가 빗나갔다.
수온	물의 온도
	물고기를 잘 키우려면 어항 속 수온을 잘 맞추어야 한다.
표면	눈에 보이는 물체의 가장 바깥면
	암석은 지구의 표면을 구성하는 하나의 물질이다.

02 | 고체에서 열은 어떻게 이동할까요?

미지근하다	더운 기운이 조금 있는 정도
	양송이 스프가 미지근해졌다.
전도	고체 물질을 따라 높은 온도가 높은 곳에서 낮은 곳으로 이동하는 현상
	단열재는 열의 전도를 차단하는 물질이다.
열전도율	고체 물질에 따라 열이 이동하는 빠르기를 나타내는 정도
	냄비 손잡이는 열전도율이 낮은 플라스틱으로 만든다.
알루미늄	가볍고 쉽게 가공할 수 있는 은백색의 금속 원소
	알루미늄으로 만든 거치대는 튼튼하고 가볍다.
텅스텐	잘 늘어나고 녹이 슬지 않으며 광택이 있는 원소
	텅스텐 최대 산출국은 중국이다.
황동	녹슬지 않고 가공이 쉬운 합금
	금관악기의 관은 주로 황동으로 만든다.

단열	두 물질 사이에서 열이 전달되지 않도록 막는 현상
	단열이 잘 되는 집은 난방비를 절감할 수 있다.
단열재	보온을 하거나 열이 전달되지 않도록 쓰는 재료
	스티로폼은 단열재로 쓰인다.

03 | 액체, 기체에서 열은 어떻게 이동할까요?

대류	기체나 액체에서 높은 온도의 물질은 올라가고 낮은 온도의 물질은 내려오는 현상
	난방기를 틀면 공기의 대류가 일어나 방 안이 따뜻해진다.
비커	용액을 담을 수 있는 원통 모양의 실험 기구
	비커는 다양한 용액을 담을 수 있다.
가열하다	어떤 물질에 열을 가해 온도를 높이는 것
	물을 가열하면 물의 끓는점을 측정할 수 있다.
삼발이	둥근 테두리에 세 개의 발이 달린 실험 기구
	삼발이 위에 비커를 놓고 용액을 끓일 수 있다.

3단원

01 | 태양계를 구성하는 태양과 행성의 특징은 무엇일까요?

순환

어떤 과정이 주기적으로 되풀이하여 도는 것 또는 그런 과정

이 버스는 공항 안에서 하루에 열 번씩 도는 순환버스이다.

광합성

식물이 빛 에너지를 이용하여, 흡수된 이산화탄소와 수분을 영양분으로 변화시키는 작용

광합성은 식물이 영양을 만드는 데 매우 중요하다.

초식동물

풀을 주로 먹고 사는 동물. 소·말·양·사슴 등이 있음

사슴이나 토끼는 초식동물이고 사자나 호랑이는 육식동물이다.

증발

액체 상태로 있던 것이 기체로 변하는 것

물은 증발해서 수증기가 되고 이것이 비나 눈이 되어 다시 땅으로 떨어진다.

행성

중심이 되는 별의 둘레를 돌면서 스스로 빛을 내지 못하는 천체

새로 발견된 행성의 이름은 아직 정해지지 않았다.

천체

지구의 대기권 밖의 우주 공간에 떠 있는 온갖 물체를 통틀어 이르는 말

천체 망원경으로 바라본 은하수는 매우 아름다웠다.

표면

겉으로 나타내거나 눈에 보이는 사물의 바깥면

달 표면에는 구덩이, 계곡, 산이 있다.

암석

자연의 고체 알갱이들이 모여 단단하게 굳어진 덩어리

암석은 광택이나 색깔, 단단한 정도에 따라 종류가 다양하다.

어휘 사전

반사	빛이나 전파가 다른 물체의 겉면에 부딪쳐서 움직이던 방향을 반대로 바꾸는 현상 강물을 바라보니 햇빛이 반사되어 눈이 부셨다.
관측	자연현상을 관찰한 후에 그 움직임을 재고 기록하는 활동 천체 망원경을 이용해 행성의 움직임을 관측할 수 있다.
신화	신비스런 이야기나 신과 관계된 이야기 단군신화에서 알 수 있듯이 우리 민족은 하늘과 땅의 조화를 중요하게 여겼다.
나침반	방향을 알아내는 장치. 지구가 자석의 성질을 가진 것을 이용해서 침이 항상 북쪽을 가리킴 요즘에는 휴대폰에 나침반 어플이 있어서 여행지에서도 쉽게 방향을 알 수 있다.
길흉	운이 좋거나 나쁜 것 옛날 사람들은 태양이나 별, 혜성 등을 이용해 길흉을 점쳤다.

4단원

01 │ 여러 가지 물질을 물에 넣으면 어떻게 될까요?

거름종이
액체 속에 들어 있는 찌꺼기나 건더기 등을 걸러내는 종이 **유** 여과지

모래가 섞인 물을 거름종이로 거르다.

미숫가루
찹쌀이나 그 외의 곡식을 볶아서 만든 가루

엄마가 얼음을 동동 띄운 시원한 미숫가루를 타 주셨다.

02 │ 용질과 물의 온도, 양에 따라 용해되는 양과 용액의 진하기를 비교해 볼까요?

분말주스
빻아서 가루로 만든 주스

분말주스를 물에 타서 마셨다.

묽다
죽이나 반죽 등에 물기가 조금 많다.

진한 원액에 물을 탔더니 조금 묽어졌다.

장
간장, 고추장, 된장 등을 말한다.

우리 할머니는 매년 장을 여러 가지 담그신다.

띄우다
물 위나 공중에 뜨게 하다. **반** 가라앉히다

강물 위에 곱게 접은 종이배를 띄우다.

어휘 사전

01 | 우리 주변에 사는 다양한 생물에는 무엇이 있을까요?

생물	살아 있는 모든 것 우리 주변에서 볼 수 있는 동물, 식물, 곤충, 물고기 등은 모두 생물이다.
분류	어떤 것들을 비슷한 특징에 따라 그룹으로 나누는 것 도서관 책은 주제별로 분류되어 있다.
분해	죽은 식물이나 동물의 몸을 작은 부분으로 쪼개어 원래의 물질로 변화시키는 과정 미생물은 음식물 쓰레기를 분해하여 자연에 유익한 물질로 바꾼다.
양분	식물이나 동물이 성장하거나 생존하는 데 필요한 영양소나 에너지 양분은 식물이 자랄 때 필요한 영양소를 제공한다.
단세포	하나의 세포로 이루어진 생물 이스트는 단세포 생물로, 빵을 부풀게 하거나 술을 발효시키는 데 사용된다.
광합성	식물이 빛과 이산화탄소와 물을 사용하여 산소와 포도당(당분)을 만드는 과정 식물은 광합성을 통해 산소를 만들어 낸다.
맨눈	안경이나 망원경, 현미경 따위를 이용하지 아니하고 직접 보는 눈 그 물체는 맨눈으로 보기에 너무 작다.
엽록체	식물 세포와 일부 단세포 생물의 세포 내에 있는 작은 기관 엽록체는 태양빛을 흡수하여 식물이 에너지를 생산하는 곳이다.

02 | 다양한 생물은 우리 생활에 어떤 영향을 미칠까요?

해롭다
나쁜 영향이나 해를 끼친다. 🔒 나쁘다, 불리하다, 불이익하다.

핸드폰을 오랫동안 사용하면 눈 건강에 해롭다.

번식
생물이 생식을 통하여 자기 자손을 유지하고 늘리는 현상

이 식물은 씨앗을 통해 번식한다.

증식
무언가가 늘어서 더 많아짐. 또는 늘려서 많게 함

이 세균은 빠른 속도로 증식하여 음식을 부패시킨다.

적조현상
미생물이나 다른 유기물의 과도한 증식으로 인해 물이 붉은색을 띠게 되는 현상

적조현상이 일어나면 물이 붉은빛을 띤다.

해충
인간의 생활에 해를 끼치는 벌레

해충은 식물에 피해를 주어 농작물이 자라기 어렵게 만든다.

추출
전체 속에서 어떤 물건, 생각, 요소 따위를 뽑아냄

식물의 잎에서 사람의 몸에 이로운 물질을 추출한다.

당
주로 당류(糖類)를 가리킴. 당분이라고도 불리는 탄수화물 중 하나

과도한 당 섭취는 당뇨병과 같은 질병을 불러온다.

성분
어떤 물질이나 물체를 이루는 부분이나 구성 요소

이 화장품은 천연 성분으로 만들어져 피부에 부담을 주지 않는다.

친환경
자연환경을 오염하지 않고 자연 그대로의 환경과 잘 어울리는 일

자연을 훼손하지 않으려면 친환경 제품을 사용해야 한다.

정답

2단원 - 온도와 열

01 온도는 어떻게 측정할 수 있을까요?

25쪽 - 생각 열기

🐴 1899년 영국에서는 경주마에게 약물을 투여하는 일이 자주 일어났습니다. 약물을 투여한 말이 기초 체온이 올라가면 흥분해서 잘 달린다고 믿었기 때문입니다.

약물을 투여했다면 말의 체온이 올라갔겠지?

경주마가 아픈지 알려면 먼저 청진을 해야지. 가까이 가서 내가 맥박 뛰는 소리를 들어볼게.

청진기

경주마가 혀를 내밀 때 목을 살펴보면 열이 있는지 알 수 있단다. 나를 사용하렴.

구강거울

경주마가 발로 찰 수 있으니 조심해. 나를 이용하면 멀리에서도 정확한 체온을 잴 수 있다구!

적외선 온도계

으흠~ 무슨 말씀! 경주마의 체온을 재려면 나를 말의 입에 물게 해 봐.

알코올 온도계

경주마의 체온을 측정하기 위해서 [적외선 온도계] 를(을) 사용할 거야. 왜냐하면, 멀리 떨어져서 말의 몸을 겨누고 측정 버튼을 누르면 체온을 잴 수 있기 때문이야. 위험하지 않아서 좋아.

28쪽 - 내용이 쏙쏙

1문단
• 중심어에 ○하기
• 중심 문장에 ___ 긋기

2문단
• 제목 붙이기

[온도를 측정하는 이유 또는 온도계를 사용하는 이유]

3문단
• 중심어에 ○하기
• 중심 문장에 ___ 긋기
• 온도계의 종류에 □하기

1 손난로를 만지면 따뜻하고, 얼음이 든 컵을 만지면 차가운 것을 느낄 수 있습니다. 이처럼 물질이나 물체가 뜨겁거나 차가운 정도를 숫자로 나타낸 것을 온도라고 합니다. 우리나라에서는 온도를 섭씨도(℃)라는 단위를 사용하여 나타냅니다. 예를 들어, 36.5℃는 '섭씨 삼십육 점 오 도'라고 읽습니다.

2 물체를 만지면 뜨겁거나 차갑다고 느끼는 정도가 사람마다 다를 수 있습니다. 사람마다 다르게 어림하기 때문에 단순히 만져 보는 것만으로는 정확한 온도를 알 수 없습니다. 물체 온도를 정확하게 알기 위해서는 온도계를 사용해서 측정해야 합니다. 왜냐하면 온도 측정은 우리 생활에서 매우 중요한 역할을 하기 때문입니다. 예를 들어 병원에서는 환자의 체온을 측정하여 건강 상태를 확인하고 적절한 치료를 합니다. 기상청에서는 기온을 측정하여 날씨를 예보하고, 사람들은 이를 참고하여 일상생활을 준비합니다. 또한, 가정에서는 어항의 수온을 측정하여 물고기가 살기 좋은 환경을 마련해 줍니다.

3 온도계는 사용 목적에 따라 다양한 종류가 있습니다. 사람의 체온을 측정할 때는 귀 체온계를 사용합니다. 체온계 끝을 귀에 넣고 측정 버튼을 누른 후 알람이 울리면 온도 표시 창에 나타난 체온을 확인합니다. 고체 물질의 온도를 측정할 때는 적외선 온도계를 사용합니다. 측정하려는 물질의 표면을 겨누고 빨간 불빛을 쏘면 온도 표시 창에 온도가 나타납니다. 액체나 기체의 온도를 측정할 때는 알코올 온도계를 사용합니다. 빨간 액체 기둥이 움직임을 멈추면 액체 기둥의 끝이 닿은 부분의 눈금을 읽어 온도를 측정합니다. 이렇게 쓰임새에 알맞은 온도계를 사용하면 온도를 쉽고 정확하게 측정하여 여러 상황에 맞게 활용할 수 있습니다.

눈금은 1℃ 간격으로 매겨져 있다.
눈금
30
액체 기둥
20
물체의 각 부분
'25.0℃'라고 쓰고 '섭씨 이십오 점 영 도'라고 읽어요.

29쪽 - 그래픽 조직자

뜻: 물질이나 물체가 뜨겁거나 차가운 정도를 숫자로 나타낸 것

체온 / 기온 / 수온 → 생활 속 온도 측정 → 온도

측정 이유 → 물체의 온도를 정확하게 알고, 생활을 준비하기 위함

단위 → 섭씨도(℃)

온도계

	귀	적외선	알코올
쓰임새	사람의 체온을 측정	고체 물질의 온도를 측정	액체 또는 기체의 온도를 측정
사용 방법	체온계 끝을 귀에 넣고 측정 버튼을 누른 뒤 알람이 울리면 체온을 확인함	물체의 표면을 겨누고 측정 버튼을 누름	빨간 액체 기둥의 움직임이 멈추면 액체 기둥의 끝이 닿은 부분의 눈금을 읽음

31쪽 - 기억 꺼내기

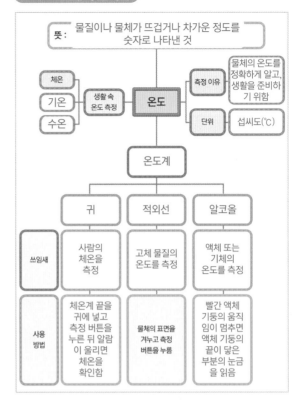
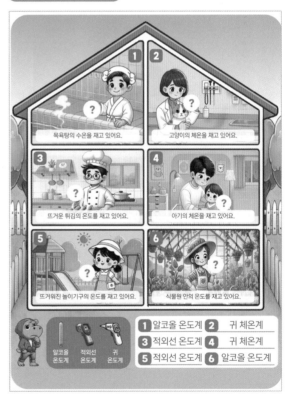

1 목욕탕의 수온을 재고 있어요.
2 고양이의 체온을 재고 있어요.
3 뜨거운 튀김의 온도를 재고 있어요.
4 아기의 체온을 재고 있어요.
5 뜨거워진 놀이기구의 온도를 재고 있어요.
6 식물원 안의 온도를 재고 있어요.

알코올 온도계 / 적외선 온도계 / 귀 온도계

1 알코올 온도계 2 귀 체온계
3 적외선 온도계 4 귀 체온계
5 적외선 온도계 6 알코올 온도계

02 고체에서 열은 어떻게 이동할까요?

33쪽 - 생각 열기

해가 쨍쨍 내리쬐는 여름, 황금 벽돌이 깔린 길을 친구들이 걸어갑니다. 도로시는 은구두를, 사자는 털신을, 허수아비는 짚신을, 양철 나무꾼은 알루미늄 신발을 신고 오즈의 마법사를 찾아갑니다. 그런데 도로시와 양철 나무꾼이 갑자기 발을 동동거립니다. 그 이유는 무엇일까요?

그 이유는 해가 쨍쨍 내리쬐어 황금으로 만든 벽돌길이 매우 뜨거운 상태에서 도로시와 양철 나무꾼이 열전도율이 높은 물질로 만든 신발을 신고 있었기 때문입니다. 도로시는 은으로 만든 구두를, 양철 나무꾼은 알루미늄으로 만든 신발을 신고 있었습니다. 황금길의 열이 두 친구의 신발로 빠르게 전도되었기 때문에 발을 동동거렸을 것입니다.

물체에서 열이 얼마나 빠르게 전달되는지를 나타내는 것을 '열전도율'이라고 합니다. 일상생활에서 열전도율이 가장 높은 금속은 '은'입니다. 열전도율은 은 ➡ 구리 ➡ 금 ➡ 알루미늄 ➡ 텅스텐 ➡ 황동 순으로 높습니다.

36쪽 - 내용이 쏙쏙

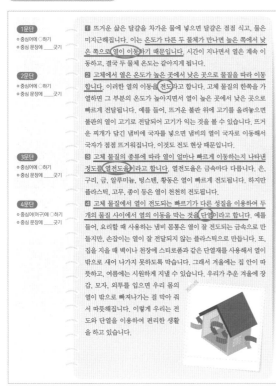

1문단
○중심어에 ○하기
○중심 문장에 ____긋기

2문단
○중심어에 ○하기
○중심 문장에 ____긋기

3문단
○중심어에 ○하기
○중심 문장에 ____긋기

4문단
○중심어(어구)에 ○하기
○중심 문장에 ____긋기

1 뜨거운 삶은 달걀을 차가운 물에 넣으면 달걀은 점점 식고, 물은 미지근해집니다. 이는 온도가 다른 두 물체가 만나면 높은 쪽에서 낮은 쪽으로 열이 이동하기 때문입니다. 시간이 지나면서 열은 계속 이동하고, 결국 두 물체 온도는 같아지게 됩니다.

2 고체에서 열은 온도가 높은 곳에서 낮은 곳으로 물질을 따라 이동합니다. 이러한 열의 이동을 전도라고 합니다. 고체 물질의 한쪽을 가열하면 그 부분의 온도가 높아지면서 열이 높은 곳에서 낮은 곳으로 빠르게 전달됩니다. 예를 들어, 뜨거운 불판에 고기를 올려놓으면 불판의 열이 고기로 전달되어 고기가 익는 것을 볼 수 있습니다. 뜨거운 찌개가 담긴 냄비에 국자를 넣으면 냄비의 열이 국자로 이동해서 국자가 점점 뜨거워집니다. 이것도 전도 현상 때문입니다.

3 고체 물질의 종류에 따라 열이 얼마나 빠르게 이동하는지 나타낸 정도를 열전도율이라고 합니다. 열전도율은 금속마다 다릅니다. 은, 구리, 금, 알루미늄, 텅스텐, 황동은 열이 빠르게 전도됩니다. 하지만 플라스틱, 고무, 종이 등은 열이 천천히 전도됩니다.

4 고체 물질에서 열이 전도되는 빠르기가 다른 성질을 이용하여 두 개의 물질 사이에서 열의 이동을 막는 것을 단열이라고 합니다. 예를 들어, 요리할 때 사용하는 냄비 몸통은 열이 잘 전도되는 금속으로 만들지만, 손잡이는 열이 잘 전달되지 않는 플라스틱으로 만듭니다. 또, 집을 지을 때 벽이나 천장에 스티로폼과 같은 단열재를 사용해서 열이 밖으로 새어 나가지 못하도록 막습니다. 그래서 겨울에는 집 안이 따뜻하고, 여름에는 시원하게 지낼 수 있습니다. 우리가 추운 겨울에 장갑, 모자, 외투를 입으면 우리 몸의 열이 밖으로 빠져나가는 걸 막아 줘서 따뜻해집니다. 이렇게 우리는 전도와 단열을 이용하여 편리한 생활을 하고 있습니다.

37쪽 - 그래픽 조직자

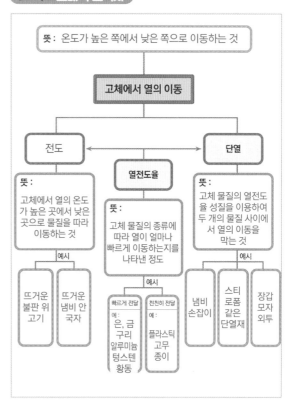

뜻: 온도가 높은 쪽에서 낮은 쪽으로 이동하는 것

고체에서 열의 이동

전도 ↔ **단열**

열전도율

전도
뜻:
고체에서 열의 온도가 높은 곳에서 낮은 곳으로 물질을 따라 이동하는 것

예시
뜨거운 불판 위 고기 / 뜨거운 냄비 안 국자

열전도율
뜻:
고체 물질의 종류에 따라 열이 얼마나 빠르게 이동하는지를 나타낸 정도

예시

빠르게 전달	천천히 전달
예: 은, 금 구리 알루미늄 텅스텐 황동	예: 플라스틱 고무 종이

단열
뜻:
고체 물질의 열전도율 성질을 이용하여 두 개의 물질 사이에서 열의 이동을 막는 것

예시
냄비 손잡이 / 스티로폼 같은 단열재 / 장갑 모자 외투

39쪽 - 기억 꺼내기

힌트 아이스박스는 스티로폼으로 만들어져 있었습니다.
단서 '단열', '냉기', '차단'이라는 단어를 떠올리며 생각해 보세요.

고기가 썩은 이유는,
아이스박스째로 보관했기 때문입니다. 아이스박스는 바깥에서 안으로 들어오고 나가는 공기를 차단하는 스티로폼으로 만들어졌습니다. 따라서, 냉장고의 차가운 온도가 아이스박스 안으로 전달되지 못하고 내부 온도를 2주 동안 유지했기 때문에 고기가 상한 것입니다.

03 액체, 기체에서 열은 어떻게 이동할까요?

41쪽 - 생각 열기

난방기를 설치하면 좋은 곳은 ③ 번입니다. 왜냐하면, 따뜻한 공기는 위로 올라가고 차가운 공기는 아래로 내려오면서 열이 이동하기 때문입니다. 따라서, ③에 난로를 설치하면 공기가 잘 순환되어 새와 고양이 모두 따뜻하게 지낼 수 있습니다.

44쪽 - 내용이 쏙쏙

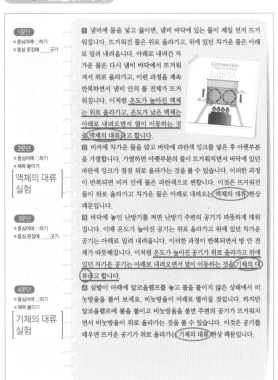

1문단
○중심어에 ○하기
○중심 문장에 ___긋기

1 냄비에 물을 넣고 끓이면, 냄비 바닥에 있는 물이 제일 먼저 뜨거워집니다. 뜨거워진 물은 위로 올라가고, 위에 있던 차가운 물은 아래로 밀려 내려옵니다. 아래로 내려간 차가운 물은 다시 냄비 바닥에서 뜨거워져서 위로 올라가고, 이런 과정을 계속 반복하면서 냄비 안의 물 전체가 뜨거워집니다. 이처럼 온도가 높아진 액체는 위로 올라가고, 온도가 낮은 액체는 아래로 내려오면서 열이 이동하는 것을 액체의 대류라고 합니다.

2문단
○중심어에 ○하기
●제목 붙이기

액체의 대류 실험

2 비커에 차가운 물을 담고 바닥에 파란색 잉크를 넣은 후 아랫부분을 가열합니다. 가열하면 아랫부분의 물이 뜨거워지면서 바닥에 있던 파란색 잉크는 점점 위로 올라가는 것을 볼 수 있습니다. 이러한 과정이 반복되면 비커 안에 물은 파란색으로 변합니다. 이것은 뜨거워진 물이 위로 올라가고 차가운 물은 아래로 내려오는 액체의 대류 현상 때문입니다.

3문단
○중심어에 ○하기
○중심 문장에 ___긋기

3 바닥에 놓인 난방기를 켜면 난방기 주변의 공기가 따뜻하게 데워집니다. 이때 온도가 높아진 공기는 위로 올라가고 위에 있던 차가운 공기는 아래로 밀려 내려옵니다. 이러한 과정이 반복되면서 방 안 전체가 따뜻해집니다. 이처럼 온도가 높아진 공기가 위로 올라가고 위에 있던 차가운 공기는 아래로 내려오면서 열이 이동하는 것을 기체의 대류라고 합니다.

4문단
○중심어에 ○하기
●제목 붙이기

기체의 대류 실험

4 삼발이 아래에 알코올램프를 놓고 불을 붙이지 않은 상태에서 비눗방울을 불어 보세요. 비눗방울이 아래로 떨어질 것입니다. 하지만 알코올램프에 불을 붙이고 비눗방울을 불면 주변의 공기가 뜨거워지면서 비눗방울이 위로 올라가는 것을 볼 수 있습니다. 이것은 공기를 데우면 뜨거운 공기가 위로 올라가는 기체의 대류 현상 때문입니다.

45쪽 - 그래픽 조직자

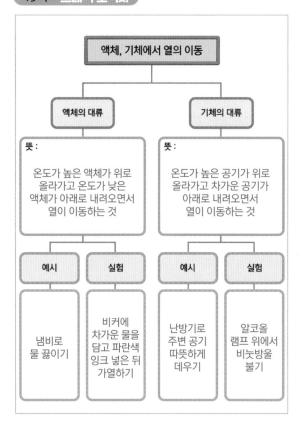

액체, 기체에서 열의 이동

액체의 대류	기체의 대류
뜻 : 온도가 높은 액체가 위로 올라가고 온도가 낮은 액체가 아래로 내려오면서 열이 이동하는 것	뜻 : 온도가 높은 공기가 위로 올라가고 차가운 공기가 아래로 내려오면서 열이 이동하는 것

예시	실험	예시	실험
냄비로 물 끓이기	비커에 차가운 물을 담고 파란색 잉크 넣은 뒤 가열하기	난방기로 주변 공기 따뜻하게 데우기	알코올 램프 위에서 비눗방울 불기

47쪽 - 기억 꺼내기

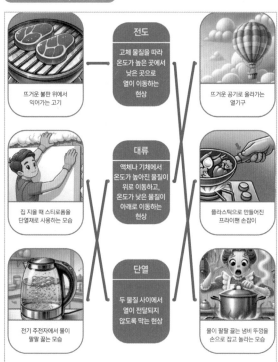

전도
고체 물질을 따라 온도가 높은 곳에서 낮은 곳으로 열이 이동하는 현상

대류
액체나 기체에서 온도가 높아진 물질이 위로 이동하고, 온도가 낮은 물질이 아래로 이동하는 현상

단열
두 물질 사이에서 열이 전달되지 않도록 막는 현상

뜨거운 불판 위에서 익어가는 고기

뜨거운 공기로 올라가는 열기구

집 지을 때 스티로폼을 단열재로 사용하는 모습

플라스틱으로 만들어진 프라이팬 손잡이

전기 주전자에서 물이 팔팔 끓는 모습

물이 팔팔 끓는 냄비 뚜껑을 손으로 잡고 놀라는 모습

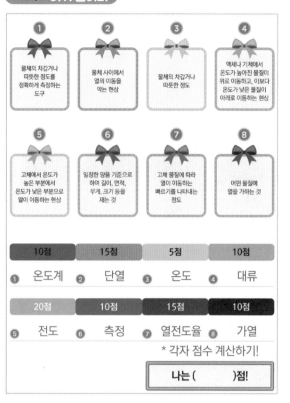

10점	15점	5점	10점
① 온도계	② 단열	③ 온도	④ 대류

20점	10점	15점	10점
⑤ 전도	⑥ 측정	⑦ 열전도율	⑧ 가열

* 각자 점수 계산하기!

나는 (　　　)점!

🔷 힌트 지붕은 전도의 원리, 벽은 단열의 원리, 난방은 대류의 원리를 이용하세요.

하롱 선장은 먼저 누울 수 있는 땅을 골라 바닥을 다진 뒤, 굵은 나무를 주워 집의 뼈대가 되는 기둥을 세웠다. 기둥과 기둥 사이는 스티로폼과 천을 사용해 벽을 만들었다. 그리고 낮에 태양열을 모을 수 있게 지붕은 알루미늄 판과 은박 돗자리로 덮었다. 알루미늄 판에 빠르게 전달되는 열은 집 안에 따뜻한 온기를 전달해 주었다. 집 안에 작은 구덩이를 판 뒤, 깡통을 이용해 불을 피울 수 있는 화로를 만들었다. 나무 조각들을 햇볕에 말린 뒤 라이터로 불을 피우면 차가운 공기를 순환시켜 추위를 이겨 낼 수 있었다.
[사용할 수 있는 물건]
· 전도 : 알루미늄 판, 은박 돗자리 → 열을 빠르게 전달함
· 단열 : 스티로폼, 천 → 단열재 역할을 함
· 대류 : 깡통, 라이터, 나무 조각들 → 차가운 공기는 위로, 뜨거운 공기는 아래로 이동함

3단원 – 태양계와 별

01 태양계를 구성하는 태양과 행성의 특징은 무엇일까요?

나는 초파리야. 우리는 인간과 동물을 통틀어 최초로 우주로 간 곤충이지. 그런데 왜 초파리를 가장 먼저 우주로 보냈을까? 그 이유는 우리가 담뱃갑 하나에 수천 마리가 들어갈 수 있을 정도로 작아서 우주로 보내기에 딱 좋았거든. 게다가 번식도 잘하고 말이야.

1947

내 이름은 라이카야. 소련(러시아)에서 태어났어. 난 모스크바 시내를 떠돌아다니다 우주인으로 선택됐지. 과학자들은 내가 떠돌이 개라서 더 마음에 들었대. 왜냐하면 집에서 길러진 개보다 거친 환경에 더 잘 적응할 것이라고 생각했거든. 나는 길거리를 떠돌며 살았기 때문에 스트레스가 많은 극한의 상황에서도 잘 견뎠고, 영리하고 침착했어. 또, 연구원들을 잘 따랐지.

1957

난 침팬지고 이름은 햄이야. 나는 무려 7분간이나 무중력 상태를 체험하고 지구로 무사히 귀환했지. 그런데 내가 왜 뽑혔냐 하면 동물 중 유전적으로 인간과 가장 비슷하기 때문이야. 오랫동안 앉아 있을 수도 있고, 손으로 비행 장비를 직접 작동할 수도 있었거든.

1961

🔷 현재는 우주 연구에 동물보다는 인공 생명체나 로봇 등을 이용하여 우주 탐사를 진행하고 있습니다.

[1문단]
◦중심어에 ○하기
◦중심 문장에 ___긋기

❶ <u>태양</u>은 지구에 있는 생물이 살아가는 데 필요한 에너지를 줍니다. 태양은 지구를 따뜻하게 하여 여러 생물이 살기에 알맞은 환경을 만들어 주고, 물이 순환하도록 해 줍니다. 식물은 태양의 빛을 통해 광합성으로 양분을 만들고, 초식동물은 식물을 먹고 살아갑니다. 또 사람들은 태양빛을 이용해 전기를 만들며, 바닷물을 증발시켜 소금을 얻습니다.

[2문단]
◦중심어에 ○하기
◦중심 문장에 ___긋기

❷ 우리가 사는 지구와 태양은 태양계에 속합니다. <u>태양계</u>는 태양의 영향을 받는 공간과 그 안에 있는 천체들을 이르는 말입니다. 태양계는 태양과 행성 등으로 이루어져 있습니다. 태양은 태양계의 중심에 있으며, 스스로 빛과 열을 내는 유일한 천체입니다. 행성은 태양 주위를 도는 천체를 말하며, 수성, 금성, 지구, 화성, 목성, 토성, 천왕성, 해왕성이 있습니다.

[3문단]
◦중심어에 ○하기
◦중심 문장에 ___긋기
◦각 행성에 □ 하기

❸ 태양계의 행성은 각기 다른 특징을 가지고 있습니다. <u>수성</u>은 회색빛을 띠고, 표면에는 울퉁불퉁한 구멍이 많습니다. 행성 중 가장 밝게 빛나는 <u>금성</u>은 노란색과 흰색이 어우러져 있으며, 표면은 단단한 암석으로 덮여 있습니다. <u>지구</u>는 70%가 바다로 덮여 있어 파랗게 보이고, 표면은 암석으로 이루어져 있습니다. <u>화성</u>은 붉은 먼지로 뒤덮여 있으며 표면은 대부분 암석입니다. <u>목성</u>은 표면에 갈색과 흰색이 섞인 줄무늬가 있으며, 거대한 붉은 반점도 있습니다. 또한 대부분 가스로 이루어져 있고 희미한 고리가 있습니다. <u>토성</u>은 흰색과 노란색의 기체가 섞여 있으며, 태양계 행성 중 가장 크고 선명한 고리를 가지고 있습니다. <u>천왕성</u>은 표면이 청록색의 기체로 덮여 있으며 희미한 고리가 있습니다. <u>해왕성</u>은 파란색이며 기체로 이루어져 있고, 아주 얇은 고리를 가지고 있습니다.

[4문단]
◦중심어에 ○하기
◦제목 붙이기
행성의 □□와 □□

크기 거리

❹ 태양계에서 가장 큰 행성은 목성이며, 가장 작은 행성은 수성입니다. 지구보다 큰 행성은 목성, 토성, 천왕성, 해왕성입니다. 태양에서 가까운 행성의 순서는 수성, 금성, 지구, 화성, 목성, 토성, 천왕성, 해왕성입니다.

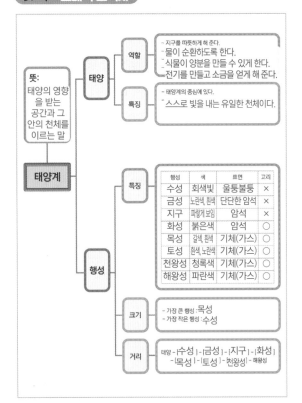

❷ 북쪽 하늘의 별자리를 알아볼까요?

* 아래 내용은 예시 답안이므로 적절한 근거로 답을 쓰면 됩니다.

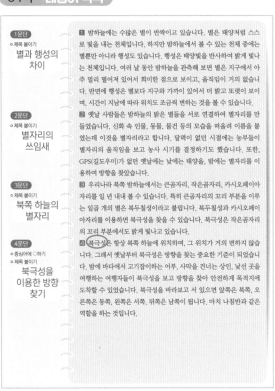

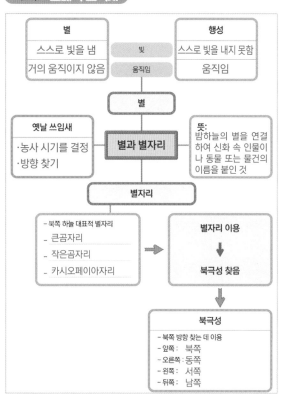

별
스스로 빛을 냄
거의 움직이지 않음

빛
움직임

행성
스스로 빛을 내지 못함
움직임

별

옛날 쓰임새
·농사 시기를 결정
·방향 찾기

별과 별자리

뜻:
밤하늘의 별을 연결하여 신화 속 인물이나 동물 또는 물건의 이름을 붙인 것

별자리

- 북쪽 하늘 대표적 별자리
- 큰곰자리
- 작은곰자리
- 카시오페이아자리

별자리 이용
↓
북극성 찾음

북극성
- 북쪽 방향 찾는 데 이용
- 앞쪽: 북쪽
- 오른쪽: 동쪽
- 왼쪽: 서쪽
- 뒤쪽: 남쪽

저도 선생님처럼 훌륭한 점성술사가 되고 싶습니다.

그래? 점성술이란 천체 현상을 관찰해서 인간의 운세와 나라의 길흉을 점치는 것이야. 우리 덕분에 천문학이 많이 발전했지. 자, 나의 제자가 되고 싶다면 세 가지 문제를 해결하거라.

아침에 떠올랐다가 저녁이면 사라지는 천체는 무엇이냐?

태양입니다.

별과 행성은 뭐가 다르지?

별은 스스로 빛을 내며, 움직임이 거의 없어요. 행성은 태양빛을 받아서 빛을 내며 움직여요.

너는 배를 타고 바다에 나갔다가 밤에 길을 잃었다. 서쪽으로 가면 시칠리아 섬이 나오고, 동쪽으로 가면 크레타 섬이 나오지. 하지만 그리스는 북쪽에 있고 너에게는 나침반이 없어. 어떻게 그리스를 찾아오겠느냐?

저에게 나침반이 없다면, 우선 밤하늘에서 북극성을 찾겠어요. 북극성을 바라보며 앞쪽이 북쪽, 오른쪽이 동쪽, 왼쪽이 서쪽이니 앞쪽으로 계속 노를 저으면 그리스를 찾을 수 있어요.

먼저 각 네모 칸 속의 내용에 알맞은 단어를 찾아. 그리고 그 단어의 첫 글자만 별 안에 써 줘. 별의 번호 순서대로 아래 그림에서 별을 찾아 연결해 봐. 그러면 영소자리 모양이 나올 거야.

별의 위치를 정하기 위하여 밝은 별 여러 개를 연결해 신화에 나오는 인물이나 동물의 이름을 붙인 것	식물이 태양빛을 이용하여 영양분을 만드는 과정	태양으로부터 가까운 순서대로 행성을 나열했을 때 네 번째 행성의 이름	스스로 빛을 내지 못하고 태양빛을 반사하여 밝게 보이는 천체	일정한 곳에서 자리를 차지하는 것 또는 그 자리
1 별자리	2 광합성	3 화성	4 행성	5 위치
우주 공간에 떠 있는 온갖 물체를 통틀어 이르는 말	태양계 중에서 태양을 제외하고 가장 큰 행성	풀을 주로 먹고 사는 동물	어떤 과정이 주기적으로 되풀이하여 도는 과정	겉으로 나타나거나 눈에 보이는 사물의 바깥면
6 천체	7 목성	8 초식동물	9 순환	10 표면

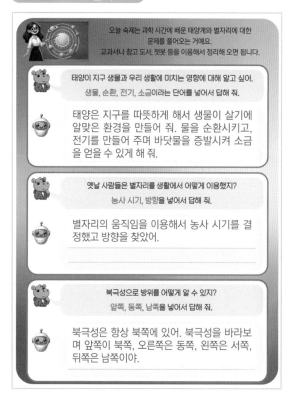

오늘 숙제는 과학 시간에 배운 태양계와 별자리에 대한 문제를 풀어오는 거예요. 교과서나 참고 도서, 챗봇 등을 이용해서 정리해 오면 됩니다.

태양이 지구 생물과 우리 생활에 미치는 영향에 대해 알고 싶어. 생물, 순환, 전기, 소금이라는 단어를 넣어서 답해 줘.

태양은 지구를 따뜻하게 해서 생물이 살기에 알맞은 환경을 만들어 줘. 물을 순환시키고, 전기를 만들어 주며 바닷물을 증발시켜 소금을 얻을 수 있게 해 줘.

옛날 사람들은 별자리를 생활에서 어떻게 이용했지? 농사 시기, 방향을 넣어서 답해 줘.

별자리의 움직임을 이용해서 농사 시기를 결정했고 방향을 찾았어.

북극성으로 방위를 어떻게 알 수 있지? 앞쪽, 동쪽, 남쪽을 넣어서 답해 줘.

북극성은 항상 북쪽에 있어. 북극성을 바라보며 앞쪽이 북쪽, 오른쪽은 동쪽, 왼쪽은 서쪽, 뒤쪽은 남쪽이야.

4단원 – 용해와 용액

01 여러가지 물질을 물에 넣으면 어떻게 될까요?

73쪽 – 생각 열기

어느 날 세 도둑은 소금 나라, 밀가루 나라, 모래 나라에 몰래 들어가서 소금, 밀가루, 모래를 훔쳐 달아났어요. 각자 훔친 물건을 자루에 담아 막 강을 건너려는데 경찰들이 이들을 잡으러 바짝 쫓아오는 거예요. 당황한 세 도둑은 허겁지겁 강을 건너다 그만 발을 헛디뎌 물에 빠지고 말았어요. 바로 따라붙은 경찰들은 이들을 잡아 감옥에 가두었어요. 하지만 세 명의 도둑 중 한 명은 증거가 없어 감옥에 가지 않고 무사히 집에 돌아갈 수 있었어요. 과연 잡히지 않은 도둑은 누구일까요? 그리고 그 이유는 무엇일까요?

잡히지 않은 도둑은 __소금을 훔친 도둑__ 입니다.
왜냐하면, 소금, 밀가루, 모래를 가지고 강을 건너게 되면 밀가루, 모래는 물에 빠져도 알갱이들이 눈에 보이기 때문에 증거가 남을 수밖에 없습니다. 하지만 소금은 물에 녹아 눈에 보이지 않게 됩니다. 따라서 소금 도둑은 경찰이 증거를 찾을 수 없기 때문입니다.

76쪽 – 내용이 쏙쏙

1문단
● 중심어에 ○하기(4개)
● 중심 문장에 ＿긋기(4개)

1 여러 가지 물질을 물에 넣으면 어떤 물질은 잘 녹고, 어떤 물질은 잘 녹지 않습니다. 예를 들어 소금을 물에 넣으면 소금이 모두 녹아 소금물이 됩니다. 이때 소금처럼 물에 녹는 물질을 (용질)이라고 합니다. 물처럼 소금을 녹이는 물질을 (용매)라고 합니다. 소금이 물에 녹는 것처럼 어떤 물질이 다른 물질에 녹아 골고루 섞이는 현상을 (용해)라고 합니다. 또한, 소금물처럼 용질인 소금이 용매인 물에 녹아 골고루 섞여 있는 물질을 (용액)이라고 합니다.

2문단
● 중심어에 ○하기
● 중심 문장에 ＿긋기

2 (용액)은 용질과 용매가 골고루 섞여 있기 때문에 어느 부분이나 색깔, 맛 등의 성질이 똑같습니다. 예를 들어 설탕과 물이 섞여 있는 설탕물은 어느 부분이나 같은 색깔을 띠고, 어느 부분을 마셔도 똑같은 단맛이 납니다. 하지만 미숫가루는 물에 완전히 녹지 않고, 어느 부분을 마시느냐에 따라 맛이 다르므로 용액이라고 할 수 없습니다.

3문단
● 중심어에 ○하기
● 중심 문장에 ＿긋기

3 또 (용액)은 오래 두어도 위에 뜨거나 가라앉는 것이 없습니다. 거름종이로 걸러도 거름종이에 남는 것이 없습니다. 예를 들어 설탕물은 설탕과 물이 골고루 섞여서 시간이 지나도 가라앉는 것이 없지만, 미숫가루를 탄 물은 처음에는 섞인 것처럼 보여도 시간이 지나면 미숫가루가 바닥에 가라앉기 때문에 용액이 아닙니다.

4문단
● 중심어에 ○하기
● 중심 문장에 ＿긋기

4 (용액)의 무게는 용해되기 전 용질과 용매의 무게를 합한 것과 같습니다. 용질이 용매에 녹으면 눈에 보이지 않게 되는데, 이것은 용질이 사라진 것이 아니라 아주 작은 크기로 용매에 골고루 섞여 있기 때문입니다. 소금을 물에 녹였을 때 녹이기 전 소금과 물의 무게의 합이 녹인 후 소금물의 무게와 같은 것을 보면 알 수 있습니다.

77쪽 – 그래픽 조직자

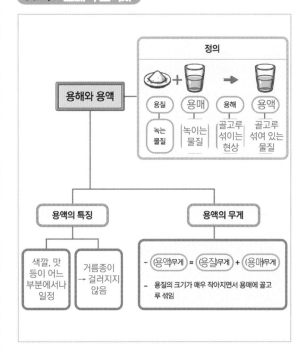

79쪽 – 기억 깨내기

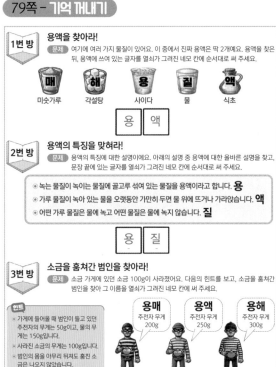

②2 용질과 물의 온도, 양에 따라 용해되는 양과 용액의 진하기를 비교해 볼까요?

81쪽 - 생각 열기

하미야, 우리나라 서해 바닷물과 동해 바닷물의 염도가 다르대.

염도가 뭔데?

염도는 물에 소금이 얼마나 들어 있는지를 말해. 바닷물은 대부분 소금과 다양한 미네랄을 포함하고 있어. 이 미네랄 중에서 가장 많이 포함된 것이 염소, 나트륨이고 이들은 주로 소금 형태로 존재하고 있지. 이러한 다양한 화합물이 물에 용해되어 있어서 바닷물이 짠 거야.

그럼, 동해 바닷물과 서해 바닷물에 들어 있는 화합물의 양이 달라서 염도가 다른 게 아닐까?

글쎄, 동해 바닷물이 서해 바닷물보다 염도가 더 높다고 하네. 왜 동해 바닷물의 염도가 더 높은 걸까?

우리나라 지도를 보니 동쪽에는 높은 산들이 쭉 늘어섰고, 서쪽에는 많은 강들이 모두 서해로 흘러 들어가네.

애 저 지도를 보니 이제 알겠다. 동해의 바닷물이 서해의 바닷물보다 염도가 더 높은 이유는

우리나라의 지형은 동쪽에는 산이 많고, 서쪽에는 평야가 많은 '동고서저' 지형이야. 그래서 우리나라를 흐르는 강은 대부분 서쪽으로 흐르지. 즉, 서해가 동해보다 더 많은 강물이 유입되는데 이때 강물은 민물이라서 바닷물의 짠맛을 약하게 해 주기 **때문이야.**

84쪽 - 내용이 쏙쏙

1문단
- 중심어에 ○하기
- 중심 문장에 ___ 긋기

2문단
- 중심어에 ○하기
- 중심 문장에 ___ 긋기

3문단
- 중심어에 ○하기
- 중심 문장에 ___ 긋기

4문단
- 중심어에 ○하기
- 중심 문장에 ___ 긋기

5문단
- 제목 붙이기

용액의 진하기 구별 방법

1 우리는 생활 속에서 여러 가지 물질을 물에 녹여 사용합니다. 물의 온도와 양이 같을 때, 어떤 용질은 물에 완전히 용해되지만, 어떤 용질은 어느 정도만 녹고 더는 용해되지 않고 바닥에 가라앉습니다. 예를 들어, 같은 온도와 양의 물에 같은 양의 설탕과 소금을 넣으면 설탕은 모두 녹지만, 소금은 일부만 녹고 나머지는 바닥에 가라앉는 것을 볼 수 있습니다. 이처럼 용질이 물에 용해되는 양은 용질의 종류에 따라 다릅니다.

2 또, 용질이 물에 용해되는 양은 물의 온도에 따라서도 달라집니다. 고체 용질의 경우 대부분 물의 온도가 높아질수록 용해되는 용질의 양이 증가합니다. 코코아 가루가 물에 녹지 않고 남아 있을 때, 물의 온도를 높이면 남아 있던 코코아 가루를 더 많이 용해할 수 있습니다.

3 용질이 물에 용해되는 양은 물의 양에 따라서도 달라집니다. 일반적으로 물의 양이 많을수록 용해되는 용질의 양도 증가합니다. 분말주스 가루가 다 녹지 않고 남아 있을 때, 물을 더 넣으면 남아 있던 분말주스를 모두 용해할 수 있습니다.

4 용액의 진하기는 같은 양의 용매에 용해된 용질의 많고 적은 정도를 나타냅니다. 용매의 양이 같을 때 용해된 용질의 양이 많을수록 진한 용액이고, 용해된 용질의 양이 적을수록 묽은 용액입니다.

5 용액의 진하기는 어떻게 비교할 수 있을까요? 용액의 진하기는 색깔이 연하고 진함을 비교하여 쉽게 구별할 수 있습니다. 황색 설탕 용액의 경우 색깔이 진할수록 진한 용액입니다. 색깔로 진하기를 비교할 수 없는 용액은 맛을 보면 알 수 있습니다. 용액이 진할수록 맛은 강해집니다. 설탕 용액의 경우 진할수록 단맛이 강합니다. 또, 용액의 진하기는 용액에 물체를 넣을 때 물체가 뜨고 가라앉는 정도로 비교할 수 있습니다. 용액에 물체를 넣었을 때 위로 높이 떠오를수록 진한 용액입니다. 실제로 장을 담글 때 소금물에 달걀을 띄워 달걀이 떠오르는 정도로 소금물의 진하기를 확인합니다. 소금물에 달걀을 띄웠을 때 달걀이 동전 모양만큼 떠오르면 소금물의 진하기가 적당한 것입니다.

85쪽 - 그래픽 조직자

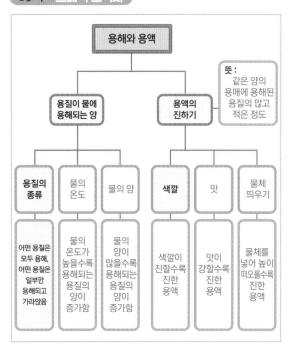

```
                    용해와 용액
                         │
        ┌────────────────┴────────────────┐          뜻 : 같은 양의
        │                                 │               용매에 용해된
   용질이 물에                        용액의                   용질의 많고
   용해되는 양                        진하기                   적은 정도
        │                                 │
   ┌────┼────┐                   ┌────────┼────────┐
 용질의  물의  물의               색깔      맛    물체 띄우기
 종류   온도   양
```

용질의 종류	물의 온도	물의 양	색깔	맛	물체 띄우기
어떤 용질은 모두 용해, 어떤 용질은 일부만 용해되고 가라앉음	물의 온도가 높을수록 용해되는 용질의 양이 증가함	물의 양이 많을수록 용해되는 용질의 양이 증가함	색깔이 진할수록 진한 용액	맛이 강할수록 진한 용액	물체를 넣어 높이 떠오를수록 진한 용액

87쪽 - 기억 꺼내기

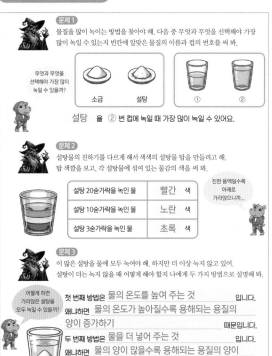

문제1

물질을 많이 녹이는 방법을 찾아야 해. 다음 중 무엇과 무엇을 선택해야 가장 많이 녹일 수 있는지 빈칸에 알맞은 물질의 이름과 컵의 번호를 써 봐.

무엇과 무엇을 선택해야 가장 많이 녹일 수 있을까?

소금   설탕   ①   ②

설탕 을 ② 번 컵에 녹일 때 가장 많이 녹일 수 있어요.

문제2

설탕물의 진하기를 다르게 해서 색색의 설탕물 탑을 만들려고 해. 탑 색깔을 보고, 각 설탕물에 섞여 있는 물감의 색을 써 봐.

진한 용액일수록 아래로 가라앉으니까...

설탕 20숟가락을 녹인 물	빨간 색
설탕 10숟가락을 녹인 물	노란 색
설탕 3숟가락을 녹인 물	초록 색

문제3

이 많은 설탕을 물에 모두 녹여야 해. 하지만 더 이상 녹지 않고 있어. 설탕이 더는 녹지 않을 때 어떻게 해야 할지 나에게 두 가지 방법으로 설명해 봐.

어떻게 하면 가라앉은 설탕을 모두 녹일 수 있을까?

첫 번째 방법은 물의 온도를 높여 주는 것 입니다.
왜냐하면 물의 온도가 높아질수록 용해되는 용질의 양이 증가하기 때문입니다.

두 번째 방법은 물을 더 넣어 주는 것 입니다.
왜냐하면 물의 양이 많을수록 용해되는 용질의 양이 증가하기 때문입니다.

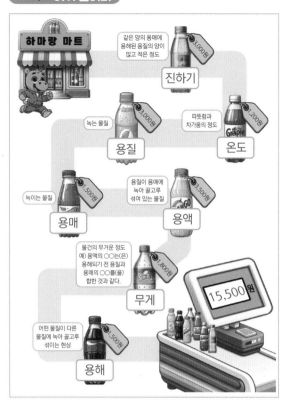

* 아래 예시 답안처럼 적절하게 답을 쓰면 됩니다.

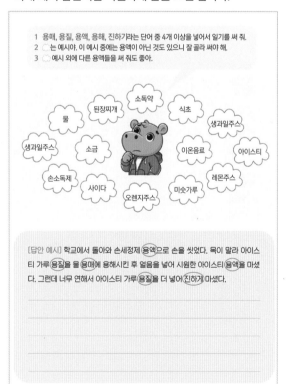

5단원 – 다양한 생물과 우리 생활

01 우리 주변에 사는 다양한 생물에는 무엇이 있을까요?

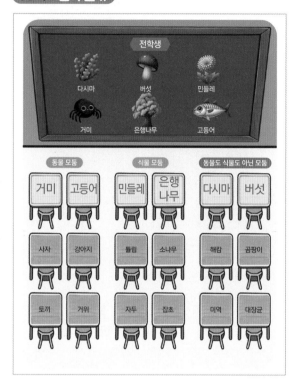

1문단
○중심어에 ○하기
○중심 문장에 ＿＿긋기

❶ 우리 주변에는 다양한 생물이 살고 있습니다. 고양이나 거미 같은 동물도 있고 나무나 꽃 같은 식물도 있습니다. 하지만 동물이나 식물로 분류하기 어려운 생물도 있습니다. 동물도 식물도 아닌 생물에는 균류, 원생생물, 세균 등이 있습니다.

2문단
○중심어에 ○하기
○중심 문장에 ＿＿긋기
○제목 붙이기
❶ 균류의 서식지
❷ 균류의 양분 얻는 법
❸ 균류의 구조

❷ 곰팡이나 버섯 등과 같은 생물을 균류라고 합니다. ❶ 균류는 축축하고 따뜻한 환경을 좋아하기 때문에 숲속 그늘이나 햇빛이 잘 들지 않는 집 안에서 흔히 볼 수 있습니다. ❷ 균류는 숲속의 낙엽이나 죽은 나무, 또는 동물의 배설물을 분해하여 양분을 얻습니다. ❸ 곰팡이와 버섯은 서로 다른 생물처럼 보이지만, 실제 현미경으로 들여다보면 둘 다 가늘고 긴 균사와 작고 둥근 포자로 이루어져 있습니다. 포자는 식물의 씨앗과 같은 역할을 하는데, 바람을 타고 멀리 퍼져 나가 새로운 균류로 번식합니다.

3문단
○중심어에 ○하기
○중심 문장에 ＿＿긋기
○제목 붙이기
❶ 원생생물의 서식지
❷ 원생생물의 양분 얻는 법
❸ 원생생물의 특징

❸ 해캄, 다시마, 짚신벌레 등과 같은 단세포 생물을 원생생물이라고 합니다. ❶ 원생생물은 주로 연못이나 고인 물, 물살이 느린 하천에서 삽니다. ❷ 원생생물 중에는 해캄처럼 광합성을 하여 스스로 양분을 만들고 많은 양의 산소를 만들어 내는 종류도 있습니다. ❸ 원생생물은 해캄, 다시마, 미역처럼 맨눈으로 쉽게 관찰할 수 있는 것도 있지만, 짚신벌레, 유글레나처럼 생물 현미경을 이용하여 관찰할 수 있는 것도 있습니다. 원생생물의 생김새는 단순하지만, 모양은 다양합니다. 짚신벌레는 둥글고 길쭉한 모양에 잔털이 나 있어서 물속을 빠르게 헤엄쳐 다닙니다. 해캄은 마치 머리카락처럼 생겼는데, 세포 속에 엽록체가 들어 있어 광합성을 하므로 초록색을 띱니다.

4문단
○중심어에 ○하기
○중심 문장에 ＿＿긋기
○제목 붙이기
❶ 세균의 서식지
❷ 세균의 번식
❸ 세균의 생김새

❹ 젖산균, 대장균, 콜레라균 등과 같은 단세포 생물을 세균이라고 합니다. ❶ 세균은 공기, 흙, 물은 물론이고 동식물의 몸속, 심지어 우리가 사용하는 물건에도 살고 있습니다. ❷ 세균은 지구에서 가장 오래전부터 살아온 생물로, 따뜻하고 영양분이 풍부한 곳에서는 짧은 시간 안에 엄청나게 많이 늘어납니다. ❸ 세균은 생물체 가운데 가장 작아 특수 현미경으로 관찰해야 합니다. 생김새에 따라 공 모양, 막대 모양, 나선 모양 등으로 구분하며 꼬리가 있는 세균도 있습니다.

동물도 식물도 아닌 생물

균류	원생생물	세균
곰팡이, 버섯	① 맨눈으로 볼 수 있는 것 - 해캄, 다시마, 미역 ② 생물 현미경으로 볼 수 있는 것 - 짚신벌레, 유글레나	젖산균, 대장균, 콜레라균 등
① 축축하고 따뜻한 환경(숲속 그늘진 곳이나 햇빛이 잘 들지 않는 집 안)	① 주로 연못이나 고인 물, 물살이 느린 하천	① 거의 모든 곳에서 서식함(공기, 흙, 물속, 동물의 몸속, 물건 등)
② 숲속 낙엽이나 죽은 나무, 동물의 배설물을 분해하여 양분을 얻음	② 광합성을 해서 스스로 양분을 만듦 → 많은 양의 산소를 만들어 내는 종류도 있음	② 지구에서 가장 오래된 생물로, 알맞은 조건에서는 짧은 시간에 빠르게 번식함
③ 균류의 구조 균사 + 포자(씨앗)	③ 생김새는 단순, 모양은 다양	③ 생김새에 따라 공 모양, 막대 모양, 나선 모양으로 구분하며, 꼬리 있는 세균도 존재
실체 현미경	생물 현미경	특수 현미경

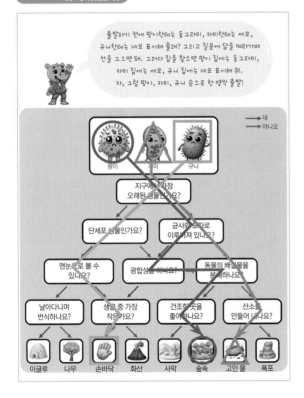

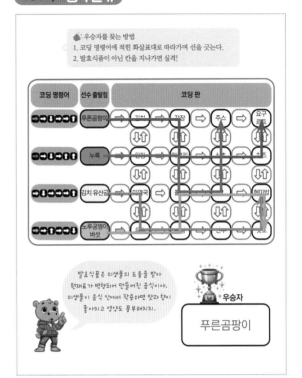

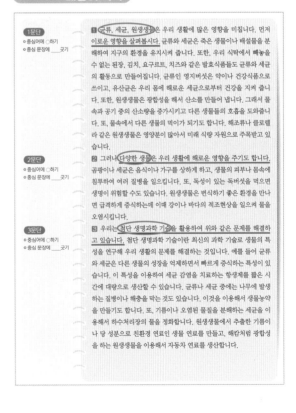

1문단
- 중심어에 ○하기
- 중심 문장에 ___ 긋기

1 균류, 세균, 원생생물은 우리 생활에 많은 영향을 미칩니다. 먼저 이로운 영향을 살펴봅시다. 균류와 세균은 죽은 생물이나 배설물을 분해하여 지구의 환경을 유지시켜 줍니다. 또한, 우리 식탁에서 빼놓을 수 없는 된장, 김치, 요구르트, 치즈와 같은 발효식품들도 균류와 세균의 활동으로 만들어집니다. 균류인 영지버섯은 약이나 건강식품으로 쓰이고, 유산균은 우리 몸에 해로운 세균으로부터 건강을 지켜 줍니다. 또한, 원생생물은 광합성을 해서 산소를 만들어 냅니다. 그래서 물속과 공기 중의 산소량을 증가시키고 다른 생물들의 호흡을 도와줍니다. 또, 물속에서 다른 생물의 먹이가 되기도 합니다. 해조류나 클로렐라 같은 원생생물은 영양분이 많아서 미래 식량 자원으로 주목받고 있습니다.

2문단
- 중심어에 ○하기
- 중심 문장에 ___ 긋기

2 그러나 다양한 생물은 우리 생활에 해로운 영향을 주기도 합니다. 곰팡이나 세균은 음식이나 가구를 상하게 하고, 생물의 피부나 몸속에 침투하여 여러 질병을 일으킵니다. 또, 독성이 있는 독버섯을 먹으면 생명이 위험할 수도 있습니다. 원생생물은 번식하기 좋은 환경을 만나면 급격하게 증식하는데 이때 강이나 바다의 적조현상을 일으켜 물을 오염시킵니다.

3문단
- 중심어에 ○하기
- 중심 문장에 ___ 긋기

3 우리는 첨단 생명과학 기술을 활용하여 위와 같은 문제를 해결하고 있습니다. 첨단 생명과학 기술이란 최신의 과학 기술로 생물의 특성을 연구하여 우리 생활의 문제를 해결하는 것입니다. 예를 들어 균류와 세균은 다른 생물의 성장을 억제하면서 빠르게 증식하는 특성이 있습니다. 이 특성을 이용하여 세균 감염을 치료하는 항생제를 짧은 시간에 대량으로 생산할 수 있습니다. 균류나 세균 중에는 나무에 발생하는 질병이나 해충을 막는 것도 있습니다. 이것을 이용해서 생물농약을 만들기도 합니다. 또, 기름이나 오염된 물질을 분해하는 세균을 이용해서 하수처리장의 물을 정화합니다. 원생생물에서 추출한 기름이나 당 성분으로 친환경 연료인 생물 연료를 만들고, 해캄처럼 광합성을 하는 원생생물을 이용해서 자동차 연료를 생산합니다.

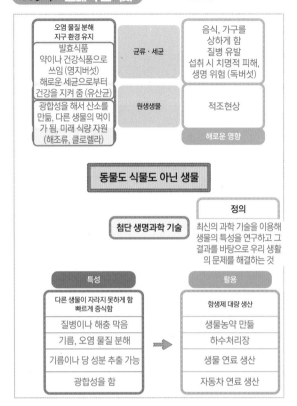

	균류·세균	음식, 가구를 상하게 함 질병 유발 섭취 시 치명적 피해, 생명 위험 (독버섯)
오염 물질 분해 지구 환경 유지		
발효식품 약이나 건강식품으로 쓰임 (영지버섯) 해로운 세균으로부터 건강을 지켜 줌 (유산균) 광합성을 해서 산소를 만듦, 다른 생물의 먹이가 됨, 미래 식량 자원 (해조류, 클로렐라)	원생생물	적조현상
		해로운 영향

동물도 식물도 아닌 생물

첨단 생명과학 기술

정의
최신의 과학 기술을 이용해 생물의 특성을 연구하고 그 결과를 바탕으로 우리 생활의 문제를 해결하는 것

특성	활용
다른 생물이 자라지 못하게 함 빠르게 증식함	항생제 대량 생산
질병이나 해충 막음	생물농약 만듦
기름, 오염 물질 분해	하수처리장
기름이나 당 성분 추출 가능	생물 연료 생산
광합성을 함	자동차 연료 생산

위급 상황 1 악당 몬스터가 강물에 오염 물질을 뿌려 놓아 강물이 붉은색으로 변했어. 어떤 부대를 출동시키면 될까? 이유도 알려 줄래? 세균 부대를 출동시키자. 왜냐하면 세균은 빠르게 증식해서 기름이나 오염된 물질을 분해하는 특성이 있잖아. 그래서 하수처리장의 물도 깨끗하게 해 주지. 자, 빨리 세균 부대를 출동시키자!

위급 상황 2 악당 몬스터가 공기를 오염시켜 산소가 부족해 숨을 쉴 수가 없어. 어떤 부대를 출동시키면 될까? 이유도 알려 줄래? 원생생물 부대를 출동시키자. 원생생물은 광합성을 해서 산소를 만들어 내잖아. 원생생물이라면 혼탁해진 공기를 깨끗하게 바꿀 수 있을 거야.

위급 상황 3 몬스터 일당이 땅에 음식물 쓰레기를 가득 뿌려 놓았어. 어떤 부대를 출동시키면 될까? 이유도 알려 줄래? 균류를 출동시키자. 균류는 죽은 생물이나 배설물을 분해하는 청소부 역할을 하잖아. 균류라면 음식물 쓰레기도 분해할 수 있어.

미생물 체험 공원

미	생	물	발	효	아
균	류	세	포	배	게
광	합	성	항	생	제
원	생	생	물	포	자
고	마	워	현	미	경

남은 글자

미 생 물 아
고 마 워

오전 9시
엄마, 택배 왔어요.
응, 인터넷에서 팡이제로 시켰어. 베란다에 곰팡이가 피었더라고.
어? 베란다에 곰팡이 지난 겨울에 없어진 거 아니었어요?
곰팡이는 원래 _____
조건 곰팡이가 좋아하는 환경, 여름이 되면 다시 생기는 이유를 설명해 줘.

오후 1시
엄마, 배고파요.
선반에 있는 귤이랑 치즈 꺼내 먹어.
으악, 엄마! 귤에 곰팡이가 피었어요. 쓸모없는 곰팡이는 왜 생기는 걸까요?
곰팡이가 필요없다고? 그렇지 않아.
조건 곰팡이가 하는 이로운 역할을 자세히 풀어 설명해 줘.

저녁 7시
엄마, 뉴스에 나온 바닷물색이 이상해요.
어디 보자, 무슨 색인데? 아~ 적조현상이 생겼구나!
적조현상이 뭐예요?
바다에는 원생생물이 사는데
조건 원생생물의 이로운 점, 해로운 점을 함께 설명해 줘.

밤 12시
엄마, 배가 아파서 잠을 잘 수가 없어요. 속이 울렁거리고 설사도 계속 해요.
어머나, 열이 많이 나네. 장염인가 보다.
그런 가 봐요. 왜 장염에 걸렸을까요?
장염은
조건 세균의 특징을 적고 예방법도 적어 줘.

두 가지 상황만 골라 답을 작성해 보세요.

① 오전 9시 : 따뜻하고 축축한 곳을 좋아해. 그래서 건조한 겨울에는 사라진 듯 보이지만 여름이 되어 적절한 환경이 조성되면 다시 생겨나지. 곰팡이를 없애려면 환기를 시켜 습기와 공기를 시원하게 순환시켜야 해.

② 오후 1시 : 지금 네가 먹고 있는 치즈도 곰팡이로 인해 만들어진 음식인 걸! 곰팡이는 음식을 상하게도 하지만 우리 몸에 좋은 발효식품을 만들기도 해. 또, 곰팡이가 없으면 지구에는 쓰레기가 넘쳐날 거야. 균류는 물질을 분해해 지구 환경을 유지하거든.

③ 저녁 7시 : 번식하기 좋은 환경을 만나면 급격하게 번식을 해. 바닷물이 더러워져 유기양분이 많아지면 원생생물이 급격하게 늘어나 물이 붉게 변하지. 그럼 물고기가 숨을 쉬지 못해 떼죽음을 당하기도 해. 그렇지만 원래 원생생물은 물속에서 다른 생물의 먹이가 되거나 산소를 만들어 생물이 숨 쉬는 데 도움을 주는 생물이야. 그러니 원생생물이 급격히 늘어나지 않도록 환경을 보호해야겠지?

④ 밤 12시 : 장염은 세균에 의해 감염되는데 세균은 물, 공기, 물건 등 어느 곳에나 있어. 오염된 물이나 음식을 먹어 걸리는 경우도 있고 감염된 사람과 접촉을 해도 걸릴 수 있지. 그러니까 손을 자주 씻어야 해!